中国科学院国际伙伴计划"生物安全战略咨询智库研究和建设"

国际前沿科技发展系列报告

生物安全发展报告
2020

中国科学院武汉文献情报中心
中国科学院科技战略咨询　　　/编著
研究院生物安全战略研究中心

LANDSCAPE OF BIOSAFETY
DEVELOPMENT 2020

科学出版社
北　京

内 容 简 介

随着生命科学和生物技术的发展,各国政府和人民对生物安全问题的关注与日俱增。本书系统阐述了国内外生物安全形势及其相关战略规划,从科技投入、主要战略、政策计划等方面,重点分析了主要国家和地区,特别是美国、日本、欧盟及其成员国等的生物安全现状及其应对策略,同时深入剖析了我国面临的生物安全形势,以及现阶段采取的生物安全对策,并在此基础上对改善我国的生物安全问题提出了相关的建议。

本书可供各级行政和科技部门、发展规划部门、科技政策和管理研究部门,以及高校和研发机构研究人员、生物行业企业的有关人士阅读参考。

图书在版编目(CIP)数据

生物安全发展报告. 2020/中国科学院武汉文献情报中心,中国科学院科技战略咨询研究院生物安全战略研究中心编著. —北京:科学出版社,2020.7

(国际前沿科技发展系列报告)

ISBN 978-7-03-063087-2

Ⅰ. ①生… Ⅱ. ①中… Ⅲ. ①生物工程-安全管理-研究报告-世界-2020 Ⅳ. ①Q81

中国版本图书馆 CIP 数据核字(2020)第 106493 号

责任编辑:石 卉 姚培培 / 责任校对:贾伟娟
责任印制:李 彤 / 封面设计:无极书装

科 学 出 版 社 出版
北京东黄城根北街 16 号
邮政编码:100717
http://www.sciencep.com

北京建宏印刷有限公司 印刷

科学出版社发行 各地新华书店经销

*

2020 年 7 月第 一 版 开本:720×1000 B5
2022 年 3 月第三次印刷 印张:13 1/4
字数:270 000

定价:88.00 元

(如有印装质量问题,我社负责调换)

《生物安全发展报告 2020》

总 策 划

张智雄　梁慧刚

编 写 组

组　长：梁慧刚

成　员：黄　翠　张永丽　朱小丽　袁　莲

　　随着科学技术的不断发展，其成果不仅不断地渗透到人们的生活中，更对各国的经济、军事等方面产生深远的影响。近 20 年来，生命科学和生物技术以空前的速度在世界各地蓬勃发展，已成为科学技术中最活跃的前沿学科。21 世纪初，人类基因组被成功破译，标志着生物经济已进入快速成长阶段，生物技术也已成为世界科技竞争的焦点。

　　随着生命科学和生物技术的发展，各国政府和人民对生物安全问题的关注与日俱增。近年来，国际和国内出现了一系列重大生物安全问题：新发和再发传染病的暴发在世界范围内呈上升趋势，如严重急性呼吸综合征（SARS）、禽流感、甲型 H1N1 流感等烈性传染病在局部地区的流行；外来生物入侵所引起的生态安全、粮食安全和人口健康等问题日益严重，如水葫芦对旅游业、航运业、渔业和水利业等造成的威胁；现代生物技术，特别是合成生物学等技术滥用所带来的威胁，如转基因生物对生物多样性和粮食安全可能存在的风险；等等。

　　《2010 年中国的国防》白皮书指出，当前，国际形势正在发生新的深刻、复杂的变化。经济全球化、世界多极化、社会信息化进程不可逆转，和平、发展、合作的时代潮流不可阻挡，但国际战略竞争和矛盾也在发展，全球性挑战更加突出，安全威胁的综合性、复杂性、多变性日益明显（新华社，2011）。由于我国人口众多、流动性强，在遭受生物恐怖袭击之后，病原体传播性更强、控制更难、危害更大。因此，无论是在全球，还是在区域范围内，生物安全均面临着严峻的挑战。

在此背景下，中国科学院武汉文献情报中心和中国科学院科技战略咨询研究院生物安全战略研究中心持续跟踪生物安全相关政策规划和技术发展趋势，在多年积累的基础上编写了《生物安全发展报告 2020》，旨在通过全面系统的分析，使关心生物安全发展的公众了解全球生物安全发展状况，同时为决策层提供咨询建议。

各国生物安全相关的政策和计划，尤其是发达国家的政策和计划，对我国生物安全政策和计划的制定、实施和管理具有重要的借鉴意义。深入剖析国际生物安全主要领域的发展现状和趋势，有助于我们切实地把握未来。各国为防范生物安全风险和应对生物安全问题，非常重视生物安全产业的发展，包括疫苗产业、抗生素产业、抗病毒药物产业和食品产业等，对生物安全相关产业发展的追踪，对我国生物产业发展方向和模式具有重要的借鉴意义。本书在撰写过程中，注重将国际态势和国内发展相结合，将现状分析和趋势展望相结合，将问题分析和对策建议相结合。

本书在撰写过程中得到了陈新文、刘清、宋冬林、王志友、袁志明等各位专家学者的悉心指导和大力支持，在此表示衷心的感谢。因笔者知识和经验的局限性，书中难免会有疏漏和不足之处，敬请广大读者批评指正。

中国科学院武汉文献情报中心
中国科学院科技战略咨询研究院生物安全战略研究中心
2019 年 12 月

目　录

前言

第一章

生物安全概述

生物安全是国家安全的重要组成部分,指防范与生物有关的各种因素对社会、经济、人类健康及生态环境所产生的危害或潜在风险。生物安全是 biosafty 和 biosecurity 的统称。前者强调的是防止非故意引起的生物和生物技术造成的危害;后者则是指主动地采取措施防止故意的,如窃取及滥用生物技术及生物危险物质引起的危害。

第一节 国际生物安全形势

当下,国际生物安全形势风云变幻,存在已久的生物安全威胁和新生威胁复杂多样。对外,外来生物安全风险不容小觑;对内,内部监管漏洞仍然存在。同时,生物技术的迅猛发展,对人类社会产生了各种各样的影响,带来科技飞跃的同时也产生了新的威胁。

一、生物武器威胁依然存在

尽管《禁止生物武器公约》[①]已生效四十载有余,但生物武器威胁的阴云仍然挥之不去。生命科学及生物技术的进步使新型生物制剂的设计和制造成为可能。越来越多的生物全基因组完成测序,为合成新病毒、新微生物、新基因打下了基石;细胞生物学技术可被用来诱导细胞的恶性增殖或凋亡;基因治疗技术既可以纠正异常基因引起的疾病造福人类,同时也可能被蓄意用于植入有害基因来生产新的生物武器,在一定条件下实现潜伏病毒感染;基因组分析技术可被用来设计针对特定个体的靶向致死剂;人工致病菌也可能对人类构成巨大威胁,人造病原体可能立即成为致命的生物武器。

---

① 禁止生物武器公约. https://www.fmprc.gov.cn/web/wjb_673085/zzjg_673183/jks_674633/zclc_674645/hwhsh_674653/t119271.shtml[2019-4-2].

二、生物恐怖袭击威胁突出

生物战剂以其高毒性、高损害性和相对较低的获取门槛而易被用于制造恐怖事件。国际生物恐怖袭击威胁仍然严峻。用于生物恐怖袭击的病原体能导致人类大量死亡，容易引发巨大的社会恐慌，同时可能影响人民对政府的信任；生物武器的隐蔽性，可能被误认为是疾病的自然暴发。美国马里兰大学恐怖主义数据库的数据显示，1970~2018 年，全世界发生的恐怖袭击事件中由化生放核武器制造的共 450 次，其中化学手段高达 401 次，生物手段有 37 次。使用这些武器进行恐怖袭击的主要是反政府武装、极端组织等非国家行为体[①]。

三、突发疫情时有发生

随着现代生活、交通方式的转变，全球传染病风险日益增加。2018 年，全球人口已突破 75 亿，现代交通方式的出现在时间和空间上促进了人员、物资的流动，形成了一个全球大网络，将人们紧密联系起来。但也应看到，加速的人口流动和更密切的联系网络也加剧了病毒和细菌的传播，一些传染病甚至在几周之内就能引发洲际卫生危机。近年来，新发和再发传染病的威胁不断出现，传染病疫情呈现常态化的趋势，传染病的威胁将继续存在。例如，西非埃博拉病毒疫情自 2015 年基本得到控制以来，2018 年又开始暴发，截至 2019 年 4 月底，刚果（金）已有 885 例死亡病例（WHO，2019），这表明埃博拉病毒疫情的威胁仍然存在；自 2015 年巴西塞卡病毒疫情开始以来，这种流行病在世界范围内蔓延；此外，非洲、南亚和东南亚地区的基孔肯雅热疫情，中东地区的中东呼吸综合征（MERS）疫情还在继续盛行。

四、生物技术存在滥用与误用的风险

21 世纪以来，生命科学领域产生的一次次飞跃给人类医疗带来了福音，

---

① Global Terrorism Database. https：//www.start.umd.edu/gtd/［2019-4-2］.

但一些别有用心者也可能滥用生物技术对人类生命健康造成损害。例如，基因组编辑技术的出现，使得将原本无害且易获取的生物材料变为发动袭击的武器成为可能，这也是 2016 年美国发布的《美国情报界全球威胁评估报告》（*Worldwide Threat Assessment of the US Intelligence Community*）中将基因组编辑技术列为大规模杀伤性武器威胁的原因（Clappter，2016）。

五、实验室生物安全风险不容小觑

数十年来，世界范围内曾发生过多次病原体于实验室逃逸的生物安全事故，包括天花、SARS 病毒等致命病原体，这说明实验室生物安全隐患未被杜绝，生物安全监管系统存在一定的疏漏。一旦生物安全实验室发生意外泄漏，会导致病原体向周围环境扩散，对动植物和人类健康带来巨大威胁。目前，全球从事危险性病原体研究的高等级生物安全实验室越来越多，实验室工作人员也越来越多，同时相应的监管还存在漏洞，导致病原体意外泄漏的风险不断增加，诸如灭菌装置发生故障、去感染淋浴设备意外断水、工作人员对致命病原体处理不佳之类看似偶然的安全事故时有发生。

六、生物安全能力建设被各国提上日程

美国启动了一系列与生物安全相关的国家战略，如《21 世纪的生物防御》（*Biodefense for the 21st Century*，2004 年）、《应对生物威胁国家战略》（*National Strategy for Countering Biological Threats*，2009 年）、《生物监测国家战略》（*National Strategy for Biosurveillance*，2012 年）、《国家生物监测科技路线图》（*National Biosurveillance Science and Technology Roadmap*，2013 年）、《生物事件应对与恢复科技路线图》（*Biological Response and Recovery Science and Technology Roadmap*，2013 年）、《防治耐药菌的国家战略》（*National Strategy for Combating Antibiotic-Resistant Bacteria*，2014 年）、《国家生物防御战略》（*National Biodefense Strategy*，2018 年）等。英、法、俄、日、澳等国也紧随其后，纷纷将生物安全纳入国家安全范畴并制定了相应的战略措施。重视生物安全、将生物安全能力建设提上日程是时代的趋势，符

合由于生物技术的发展和风云变幻的国际局势而变得日益复杂严峻的实际生物安全形势。

第二节　中国生物安全形势

2017 年，我国依然面临严峻复杂的生物安全形势，这表现为内部风险、原有风险尚未得到有效管控，外部风险持续存在，新的风险正在形成。

一、新发和再发传染病对我国的威胁并未得到根本性转变

目前，全球新发现的 40 余种传染病已经有半数在中国发现。中国是世界上 15 个受艾滋病影响最严重的国家之一，艾滋病感染威胁迫近"00 后"；中国疾病预防控制中心在 2015 年发布的报道中估计，中国约有 9000 万乙肝病毒携带者，其中慢性乙肝患者约有 2800 万（徐婷，2015），耐多药结核病也变得越来越危险。2015 年底，在南美洲流行的寨卡病毒，已经蔓延到北美洲、大洋洲、亚洲、非洲等数十个国家和地区。截至 2016 年 5 月，中国（不含港澳台地区）已经报告 18 例输入性寨卡病毒感染病例（袁俪芸和王星，2016）。

二、抗生素滥用仍然令人担忧

中国青年报社会调查中心于 2018 年发起的调查显示，约 73.6% 的受访者表示身边有视抗生素为"万能药"而滥用的现象（杜园春和王涵，2018）。2016 年，浙江大学公共卫生学院通过对我国 6 个省份的 12 000 名大学生进行抗生素使用知识和行为调查，发布的数据结果显示，约 19.9% 的大学生就医时主动向医生索要抗生素，约 63.1% 的大学生在家或宿舍中储备抗生素，约 95.5% 的大学生能在无处方的情况下买到抗生素（马卓敏，2016）。2015年，中国科学院广州地球化学研究所有机地球化学国家重点实验室发布的一

项研究显示，2013 年，中国抗生素使用总量约为 16.2 万吨，约占全球消费量的一半（有机地球化学国家重点实验室，2015）。2016 年 8 月，国家卫生健康委员会等 14 个部门联合制定了《遏制细菌耐药国家行动计划（2016—2020 年）》，受到世界卫生组织（WHO）的欢迎。但综合来看，我国抗生素滥用情况短期内难以改观。

三、外来生物入侵形势严峻、防范困难重重

我国外来入侵物种呈数量增加、频率加快、范围扩大、危害加剧、经济损失增加的趋势。在我国 34 个省级行政区均发现了外来入侵物种。物种入侵几乎涉及整个生态系统。据国家质量监督检验检疫总局（现国家市场监督管理总局）统计，2016 年，全国进境口岸共计截获外来有害生物 6305 种、约 122 万次，种类数同比增加约 1.8%，截获次数同比增加约 15.97%。其中，检疫性有害生物 360 种、约 11.8 万次，首次截获检疫性有害生物 29 种（国家市场监管总局，2017）。在世界自然保护联盟（IUCN）入侵物种专家小组 2013 年更新的全球 100 种最具威胁的外来物种列表中，入侵中国的有 42 种（ISSG，2019）。中国每年因此造成的生态和经济损失超过 2000 亿元[①]。

四、生物技术成果被误用和滥用的潜在风险升级，成为最紧迫的新兴生物威胁源

我国科研人员利用基因重组合成新的流感病毒毒株，利用成簇的规律间隔的短回文重复序列及其相关系统（如 CRISPR-Cas9）技术编辑的人类胚胎基因组引起了国际社会关注，并引发了激烈讨论。目前，从技术路线上看，人们已经可以在工程学与计算机设计的辅助下，设计复杂的基因程序，赋予合成生物各种新的生物学功能。这些设计和改造赋予了生物超越自然生物体的特殊能力，在带来效益的同时，也可能产生巨大的安全威胁，增加了被"生

---

① 学者称中国外来有害生物近 600 种威胁生态安全. http://www.xinhuanet.com/politics/2016-04/22/c_128919685.htm[2019-4-2].

物黑客"滥用的风险。基因组编辑技术目前已被美国情报界发布的《美国情报界全球威胁评估报告》（*Worldwide Threat Assessment of the US Intelligence Community*，2016 年）列入"大规模杀伤性武器和扩散性武器"威胁的清单（Clappter，2016）。

五、关于转基因生物安全问题纷争仍十分激烈

转基因生物的安全性是制约转基因生物产业化的主要因素，主要涉及转基因作物的长期健康影响（如杂草化），对本地生物多样性的影响（如非靶标的毒性和致敏反应）等。放眼国际，由于转基因生物安全研究具有复杂性和长期性的特征，系统、严格的安全性科学研究目前仍存在一定的空白，因而关于转基因生物安全性的论辩始终存在。在科研知识积累不足的情况下，缺乏有力的和确切的科学证据是目前全球农业生物技术产业发展的重大障碍。我国的情况也不例外，虽然通过媒体正面报道、公众参与对话等方式对纷争产生了一定的缓和作用，但总体形势仍不容乐观。

六、实验室生物安全风险不容低估

2004 年 4 月，我国有实验室研究人员因操作不当，导致 SARS 病毒流出的案例[①]。目前，我国公开报道的实验室生物安全事件较少，但从国际经验看，实验室生物安全风险不容低估。近几年来，各国实验室病原体流出事件频发。2014 年，美国一名研究人员意外用毒性更强的病毒感染了一瓶无害禽流感病毒，并将其运到了一个无权处理危险病毒的实验室[②]；2016 年，法国巴斯德研究所（IP）承认其违反了生物安全条例，未经适当文件批准就通过洲际飞机运输从韩国巴斯德研究所（IPK）进口的中东呼吸综合征病毒样本（张章，2016）；英国专业实验室在 2015 年 6 月至 2017 年 7 月发生的生物安全事故超过 40 次（Piper，2019）。

---

① 卫生部通报 2004 安徽非典疫情原因和责任追究. http://sports. cctv. com/news/china/20040701/102313. shtml［2019-5-20］.
② 中国疾控中心翻译美国疾控中心流感病毒交叉污染事件调查报告. http://m. chinacdc. cn/xwzx/zxdt/201409/t20140911_104332.html［2019-5-20］.

七、生物武器威胁依然存在

《禁止生物武器公约》缺乏核查机制，虽然没有任何国家声称本国拥有生物武器，且必须禁止生物武器研究、扩散和使用已经是国际社会的主流认识和舆论，但生物武器威胁依然存在。美国陆军达格威试验场因疏忽向包括驻韩美军乌山空军基地在内的几个实验室发送了炭疽活体样本，引起了世界公众的关注①；日本内阁会议在 2016 年 4 月通过的一份应对日本国会参议员质询的答辩书中声称：日本宪法未禁止使用生物武器和化学武器（新华社，2016）。这显示，个别国家尚未对生物武器的使用历史进行彻底反思。

八、短期内生物恐怖活动还未形成气候，但潜在生物恐怖防御难度正在增大

2001 年"炭疽邮件"事件、2004 年"蓖麻毒素信件"案件、2011 年"肠出血性大肠杆菌 O104：H4 疫情"等事件证明，生物恐怖主义威胁真实存在。随着与生物恐怖相关的病原体种类和实施主体等不确定性增加，生物恐怖主义已经成为全球最大的安全威胁之一。在我国境内，短期内生物恐怖活动还未形成气候，但随着恐怖主义的国际性流动，生物恐怖防御难度正在增大。

---

① 美军误将活性炭疽杆菌样本发至驻韩美军基地 韩国展开调查. http://korea.people.com.cn/n/2015/0529/c205552-8899441.html［2019-5-20］.

第二章

国际生物安全战略态势

生物安全问题是当前国际社会面临的重要威胁，如非洲猪瘟等全球性疫情蔓延、敏感生物资源泄漏加剧、两用生物技术门槛不断降低等众多挑战使生物安全形势愈加严峻。各国高度重视生物安全问题并积极布局生物安全体系与能力建设。例如，美国、英国和澳大利亚纷纷发布国家级生物安全战略，加强对国内外生物安全治理力量的统筹协调，建立全流程生物防御体系，以及通过支持生物医学基础研究来加强生物防御能力建设。

第一节　美国生物安全战略计划

一、战略与政策

"9·11"事件后，美国面临的生物恐怖主义威胁日益严峻。2001 年的"炭疽邮件"事件使美国人民一度陷入惊慌。为应对生物恐怖主义发生和疾病暴发，确保国家安全，美国政府在"反恐"旗号下大力加强生物防御，以其强大的经济实力和科技实力为后盾，相继出台了一系列法律法规。生物防御本是用来应对生物战威胁的，但是随着生物技术的发展，其范围不断扩大，现今还包括了应对生物恐怖主义和新出现的传染疾病。虽然疫苗和抗生素的发展以及卫生环境的改善降低了传染病在世界范围内人类死亡原因中的排名，但突发传染病和新发传染病对人类生命健康构成的威胁仍然存在。在此背景下，美国加快了生物防御能力建设和生物安全体系建设，制订、实施了一系列相关战略计划，并推进了相关领域的科学研究。

（一）奥巴马政府国家安全战略

2015 年 2 月 6 日，白宫发布了《2015 年美国国家安全战略》(*The 2015 National Security Strategy of the United States*) 报告。该报告继承了 2010 年 5 月奥巴马政府首份国家安全战略报告的核心理念，立足美国国内发展状况和世界形势出现的新变化，对美国面临的战略环境和威胁挑战进行了评估，更新了实现国家安全战略目标的措施和战略手段。

总体而言，该报告从战略背景、战略目标、战略措施、战略重心等角度勾画了美国的国家安全战略。

1. **战略背景：全球安全形势发生转变、战略环境发生变化**

该报告认为，自 2010 年首份报告发表以来，世界各地发生的五大转变改变了安全形势。①亚非拉崛起。洲际实力平衡发生变化，大国间的权力关系充满变数。②权力有下移至主权国家之下的趋势。非洲国家行为体或亚洲国家行为体被期待拥有更多的管理权与经济机遇。虽然这些趋势在很大程度上是积极的，但也可能助长暴力的非国家行为者的势力，增加国家不稳定因素。③全球经济日益增长的相互依赖性和技术变革的快速发展增强了个人、团体和各国政府的相互关联。这一方面有助于编织更为广密的安全网络，另一方面也使得关联中的个体更容易受到诸如大流行病、跨国恐怖主义等全球性威胁。④中东和北非的许多国家仍在进行争权战争，地区局势持续动荡。⑤全球能源市场发生巨大变化，能源流动和能源消费者间的关系正在改变，能源安全问题进一步凸显（Obama，2015）。

总体上，该报告认为，当前美国所处的依然是一个"不安全的世界"。该报告正是基于传统安全挑战仍在继续、新的挑战日渐凸显、战略环境风云变幻的背景提出的。

2. **战略目标：保持美国的全球领导地位，向全球推行美国价值**

该报告强调，大规模毁灭性武器，特别是核武器的潜在扩散威胁了美国公民及盟友的利益；暴力极端主义分子还在加剧中东和北非的动荡；传染病、非法武器和毒品走私以及难民问题层出不穷；全球经济放缓的风险仍然存在。该报告表示，在此种复杂安全环境下，美国拥有不可或缺的领导力量和中心地位。须在美国强力领导下推动全球合作，解决上述问题。

该报告毫不隐讳地透露出保持美国全球领导地位的战略目标：问题不在于美国是否会领导未来，而在于美国将如何领导未来（Obama，2015）。

为了实现领导全球未来的目标，该报告进一步提出了实现并传播美国价值的要求，包括进一步在美国国内实践价值观，并且在国外推广其"民主""人权""自由"等价值。该报告强调了美国在促进世界诸多"价值观不同"的国家人民追求"民主""人权""自由"上所做出和即将做出的行动，包括"必要时候"对他国政府的"镇压暴行"做出反应（Obama，2015）。这一看似充满弥赛亚情结的目标背后也暗含了美国从价值观层面领导世界的战略野心。

3. 战略措施："以实力领先"和"多伙伴合作"

《2015 年美国国家安全战略》所提出的战略措施可以概括为"以实力领先"和"多伙伴合作"。在"以实力领先"上，该报告所采取的措施与手段不是仅依靠经济力量、军事力量和科技力量，也不是单依靠价值观的传播，而是综合运用硬实力手段和软实力手段，利用一切战略优势保障美国国家安全，维持美国的繁荣和影响力。在"多伙伴合作"方面，该报告首先继续强调了合作中美国的主导地位，随后表示，美国会推进与亚洲各国的合作、加强与欧洲联盟、深化与美洲国家的合作，且强调其合作伙伴必须进行必要的改革和投资，寻求盟国和伙伴分担负担；此外，该报告还要在防止污染扩散、阻断传染性疾病传播等生物安全领域加强与北大西洋公约组织、东南亚国家联盟、联合国等国际组织的合作。

4. 战略重心：促进国内安全繁荣，助力美国在全球施展其影响力

该报告延续了 2010 年战略报告提出的促进美国繁荣的目标，强调国内建设与发展对提升美国全球领导力和影响力的作用。该报告提出，促进国内繁荣的核心是发展美国经济，要求扩大幼儿教育和高等教育的可及性，为进一步发展知识经济创造基石；同时以开放的市场和平衡美国工人与海外企业的发展方式，增加就业机会、加强中产阶级力量，刺激经济增长；进一步加速科技创新，创造下一代高科技制造业岗位，确保能源安全；还强调，为更多的美国人提供优质、可靠的医疗服务。总而言之，该报告重视繁荣国家经济、能源，巩固科技领先地位，保障国民卫生安全，以达到主导世界秩序、增强可持续竞争力的目标。

5. 涉及生物安全的战略

《2015 年美国国家安全战略》中涉及生物安全的主要内容有以下几方面。①严厉打击恐怖主义，包括生物恐怖主义。从恐怖主义的源头——贫困、压迫等缓解恐怖势力的扩散，并为恐怖主义泛滥的国家和地区提供技术支持。

②防止大规模杀伤性武器扩散。阻止国家和非国家行为者开发获取核武器、化学武器和生物武器，推动诸如《全面禁止核试验条约》（Nuclear Non-Proliferation Treaty）和各种区域无核化议定书等重要的多边协定的签订与执行。③改善全球卫生安全状况。在国内加强预防疾病暴发的能力和迅速应对生物事件的能力；在国外建立全球卫生合作系统，预防并监测大流行病的暴发，引领解决抗生素耐药性等健康问题，对全球性卫生事件做出更迅速有效的反应。

（二）特朗普政府国家安全战略

特朗普政府于 2017 年发布的《美国国家安全战略》认为，冷战以后美国在关键领域放松了警惕，导致美国的经济安全受到了威胁；且当下国际竞争愈发激烈，恐怖分子跨国犯罪等威胁仍然存在。总体上，不安全的战略环境使得该战略以特朗普一向推崇的"美国优先"为基调。该战略为了保持美国的政治、经济、军事、科技优势，在 2010 年首份国家安全战略的基础上进一步提出了四个国家利益：①保护美国人民、保护国土安全、保障美国人的生活方式；②促进美国经济繁荣；③重建军队使其保持卓越水平来维护和平，并在必要时能够战胜敌人；④提升美国的影响力，使世界接受并支持美国的利益和价值。

具体战略重点可概括为以下几个方面。

1. 国防和国家安全方面

首先，维护美国领土和边境安全，包括防止大规模杀伤性武器、抵御生物威胁和流行疾病暴发、强化边境控制、收紧移民政策等。其次，打击安全威胁的源头，具体为打击恐怖分子和跨国犯罪集团。再次，维护美国互联网空间安全，建设具有强大防御力的互联网基础设施。最后，完善社区制度，加强美国应对危机的弹性，使其能够从灾难事件、安全威胁事件中迅速恢复过来。

2. 经济安全与繁荣层面

该战略提出要振兴国内经济，包括为企业减轻政策方面的压力、推行税负改革、改善基础设施建设以及大力支持教育计划等。对国外，该战略要求建立自由、公平且互惠的经济关系，巩固已有的贸易合作关系，发展新的贸易投资合作伙伴，发展新的市场机遇。在科学技术层面，该战略强调要保持美国在科研、技术、发明以及创新领域的领先地位，时刻把握世界科技动向，用政策鼓励创新、吸引创新者。最后，该战略提到了美国要发挥能源优势，为清洁能源的发展扫清政策障碍，同时与盟国合作，保护能源安全。

3. 提升国家实力层面

该战略认为，应当随时代发展和国际局势的变动，不断更新美国的竞争优势使其时刻紧跟时事并保持领先地位。要提升军事实力、推进军队的现代化，为保障国家安全提供坚实基础；同时加快军事工业基地的建设，支持国内制造业发展，为国防打下坚实的工业基础。支持太空领域、网络空间领域等的尖端技术革新。值得注意的是，该战略尽管提出要防止大规模杀伤性武器，但也同样认为美国应当继续保有现有的核武器储备，以此作为维护美国及其盟友安全的筹码。

4. 区域安全战略规划

（1）印度洋—太平洋地区战略：对于朝鲜来说，该战略提出联合该区域中的其他国家抵制其核威胁；对于传统盟友韩国、日本、新西兰、澳大利亚来说，该战略表示要继续展开合作来应对该区域的问题；对于印度来说，该战略表示欢迎其发展并成为美国新的战略国防伙伴；对于东南亚国家来说，该战略表示将继续开拓其市场，发展经济合作关系。

（2）欧洲地区战略：继续巩固北大西洋公约组织，削弱中国、俄罗斯在该区域的影响；协助其向中东、北非输入军力财力，共同打击恐怖主义。该战略特别强调，要求欧洲合作伙伴为此承担责任并支付美方觉得公平的份额。

（3）中东地区战略：打击该地区泛滥的恐怖主义，打击极端暴恐分子；扼制伊朗等不支持美国的政权的发展扩张；促进同支持美国的政权的合作，并欢迎其繁荣；寻求在该地区发展稳定的全球能源市场。

（4）非洲战略：开发非洲潜在的商品服务市场，促进向该地区的出口贸易；扩大贸易和商业往来，增加该地区的工作岗位；打击该地区恐怖势力和极端暴力势力；打击该地区非法人口、武器和自然资源贸易，解决难民偷渡问题；削弱中国在该地区的影响力。

（5）西半球地区战略：削弱中国、俄罗斯在古巴、委内瑞拉的影响力，打击古巴、委内瑞拉的左翼力量；打击中南美洲跨国犯罪势力，解决难民偷渡问题；在中南美洲开拓市场，发展与美国的贸易；与加拿大深化战略和国防合作伙伴关系。

（三）特朗普政府的生物安全政策

2017 年特朗普上台以来，其生物安全政策相较奥巴马政府出现了较大转变。特朗普推翻了奥巴马政府的一些政策和战略，如退出《巴黎气候协定》。2017 年 5 月，特朗普政府在其提出的《2018 年国防授权法案》（FY 2018 National Defense Authorization Act）中对前任政府在《2017 年国防授权法案》（FY 2017 National Defense Authorization Act）中重点提出的"国家生物防御战略"及相关战略措施只字未提。但在 2018 年 9 月，特朗普发布了《国家生物防御战略》（*National Biodefense Strategy*），这是特朗普上台以来首个全面解决各种生物威胁的系统性战略。它由美国国防部、卫生与公共服务部、国土安全部和农业部共同起草并将在未来共同负责相关计划的实施。

该战略的愿景是使美国能够积极有效地预防、准备、应对并减轻自然、偶然或蓄意生物威胁带来的风险。该战略提出了五个战略目标及其相应的战略举措。

1. 增强生物防御风险意识

该战略提出，要确保决策的制定须依据可靠情报、预测和风险评估，因此要加强情报评估工作、提高风险评估能力，并积极开展相关预测模型和措施的研究。

此外，还需确保国内和国际生物监测及信息共享系统得到协调发展，并能够及时进行生物预防、检测评估、响应和恢复工作。为此，须加强生物监测系统的整合与评估、改进信息共享和报告方略、加强生物监测实验室运作、开发和部署增强型环境检测系统，使其能够适应不断变化的生物威胁。

2. 提高生物防御单位防御风险能力

（1）改进预防及减少自然传染病传播的措施，包括加强国内外感染预防工作、减少抗生素耐药病原体的出现和传播、加强多学科研究、限制跨境生物危害在国内的传播、加强动物疾病检测和预防能力。

（2）加强关于认识、检控以及根除动物疾病的国际伙伴关系，包括加强植物病害防治能力、提升水利部门防控水传播疾病暴发的能力、加强国际合作促进全球卫生安全。

（3）严禁国家和非国家行为者研制、获取或使用生物武器及其相关材料，确保国内和国际充分调查生物武器开发或使用，完善跨国问责制度以便追究责任主体的责任，确保拦截、销毁生物武器和与生物武器有关的设备、材料、运载工具和设施。

（4）实时更新生物安全事故预防和干预计划，确保酌情制订、定期评估和更新防控生物事故的计划，加强生物安全实践和监督。

3. 做好生物防御准备工作，降低生物安全事故的影响

（1）提升国家科技领域的创新力与活力，为生物防御奠定基础。依托强大的科技和工业基础，实现以美国为主导的生物防御创新；将研究与开发工作整合到联邦规划中去。

（2）完善公共卫生和动物卫生基础设施。确保公共卫生和动物卫生部门具备关键能力，提供并维持高技能人力资源；推进公共卫生和动物卫生研究实验室的现代化。

（3）制订并及时更新预防、响应和恢复计划。制定实施多部门预防、响应和恢复活动的政策、计划、指南及建议，确保制定紧急资助机制以对生物安全事故做出紧急响应，在出现生物安全事故期间提供充足的医疗保健资源和临床研究。

（4）制订、实施并更新风险沟通计划，促进信息公开，防止公众由于不确定性出现恐慌心理。其包括改进生物威胁和生物安全事故的联邦信息协调机制，培训风险沟通发言人，向公众发布清晰、一致的信息；制订和实施沟通计划，针对事故的推进制定适宜的信息沟通策略；鼓励专家学者参与媒体传播，提供生物威胁相关的准确信息。

（5）加强去除污染的准备工作。开展去除生物污染的研究、开发相应技术；与合作方进行演习，制订和验证去除污染各阶段的计划。

（6）加强美国各地区之间的运营协作准备工作。建立资源共享策略和协作框架；制定沟通合作协议，以便在联邦各部门和相关机构之间及时共享样本和相关临床信息。

（7）加强国际准备，以强化国际反应和恢复能力。敦促外国政府和国际组织对生物事故做出承诺，并加强其应对生物安全事故的准备和响应能力；进一步制订完善的美国政府应对国际生物安全事故的计划。

4. 建立迅速响应机制

（1）编制、分享生物威胁以及生物安全事件的相关信息，以便在各级政府及非政府部门中酌情进行适当的决策和响应行动。确保及时准确的信息获取；协调联邦决策以支持应对行动；做到事件信息实时共享，增强事态监测。

（2）与相关非联邦行动者协调开展响应行动，以控制并迅速减轻生物威胁或生物事故的影响。确保适当的监督和协调，开展实时研究，保持合作的延续性和有效性。

（3）进行调查实践，利用所有可用工具来追究肇事者的责任。进行事故调查、取证和归因工作，支持国际调查。

（4）发布准确及时的公共信息。在生物安全事故中提供公共信息并定期进行风险沟通，以促进公众理解、推动决策的实施。

5. 促进生物安全事件后续恢复工作

（1）加强关于恢复工作的关键基础设施建设和能力建设，以恢复经济生产等重要美国活动。恢复联邦、军方、当地第一响应人员和其他关键员工的工作，使其继续履行国家基本职能，支持关键基础设施的恢复；加强对紧急响应人员、医疗保健提供者和公众的健康监测。

（2）保持联邦政府与非政府部门合作伙伴间的协调合作，以实现高效的恢复行动。协调和监督其决策与服务，评估影响，制定恢复策略并予以实施。

（3）减少国际生物安全事故对国际经济、健康和安全造成的连锁反应。向国际提供恢复支持，加强事发国政府提供紧急服务和保持民主治理的能力，减轻生物安全事故的二次影响。

从 2017 年到 2018 年，特朗普政府的生物安全政策发生了相当大的转变，这说明当下美国生物安全形势依然不乐观，尤其是随着生物科技的发展，现有的生物安全政策不足以应对风云变幻的生物安全风险。在此国际生物安全形势转变的关键时期，美国作为世界强国之一，必须采取应对措施；而实施生物防御措施也符合美国的国家安全利益。

二、规划与计划

"9·11"事件后，利用高科技手段打击恐怖主义已成为美国政府的一项重要举措。与核武器、化学武器、对撞机和人体炸弹相比，生物武器具有技术含量低、隐蔽性强、杀伤力高、易引起人们强烈的心理恐惧等特点。因此，美国政府非常重视反生物恐怖活动，成立了一个由 12 个机构（包括白宫科技政策办公室、国土安全部、国防部、卫生部等）组成的大规模破坏性武器医疗对策委员分会，并制订了三个反生物恐怖计划。这三个计划分别是生物监测计划（Biowatch Program）、国家综合征监测计划（National Syndromic Surveillance Program，NSSP）和生物盾牌计划（Bioshield Program）（表 2-1）。

表 2-1　美国主要传染病与生物恐怖防范计划

计划名称	内容
生物监测计划	该计划于 2003 年发布实施，由美国国土安全部反大规模杀伤性武器办公室进行管理。该计划为美国 30 多个辖区提供空气监测分析、信息通知和风险评估服务，拥有来自美国各地公共卫生、应急管理、执法及科研机构作协调支持，可对生物恐怖袭击做出早期预警，有助于决策者做出快速响应、降低袭击带来的危害
国家综合征监测计划	该计划的前身是 2003 年启动的生物感知计划（Biosense Program）。生物感知计划旨在建立美国全国范围内的综合公共卫生监测系统，以便及早发现和评估潜在的生物恐怖主义相关疾病。发展至今天的国家综合征监测计划，已从早期关注生物恐怖主义相关疾病警报转变为对各种危险事件和疾病暴发态势的感知和反应。该计划的生物感知平台为公共卫生官员提供了一个基于数据云的具有标准化工具和程序的健康信息系统，可以快速收集、评估、共享和存储信息
生物盾牌计划	该计划由时任总统布什签署于 2004 年 7 月 21 日，为美国防止化生放核（CBRN）武器的攻击提供了新工具。其具体包括加快国立卫生研究院（NIH）对医疗对策的研究和开发；赋予美国食品药品监督管理局（FDA）权威，使之能够在紧急情况下快速提供最佳治疗；允许政府购买改进的疫苗或药物，保障"下一代"（next-generation）医疗对策的资源

此外，生物安全机构纷纷制定相关战略规划，加强国家的生物防御能力。下面盘点美国主要生物安全机构分别制定的战略规划。

（一）美国卫生与公共服务部（HHS）2014～2018 财年战略规划

1. 战略目标 1：推动科学知识发展与创新

（1）认识与卫生保健相关的感染知识的欠缺之处，开展预防性研究以弥补相关知识的不足。

（2）制定基于证据的感染预防指南，为预防与卫生保健有关的感染提供科学依据。

（3）确保 HHS 员工具备科学专业知识，以应对尖端医疗技术（如纳米技术）带来的新挑战。

（4）开发快速检测、调查和阻止食源性污染物的改进方法。

（5）制定科学的食品和饲料安全防控标准，并贯穿"农场到餐桌"的连续体。

（6）开发创新电子学习系统，以提高食品安全工作在餐馆检查和食源性疾病暴发环境评估等领域的培训和最佳实践传播的速度、效率和有效性。

（7）促进新型抗菌药物的开发，解决严重危害公共卫生的食源性致病菌。

（8）开发和传播有助于将基础科学发现转化为挽救生命的药物的工具，并减少医疗产品开发的时间、复杂性和成本。

（9）加强医院和非医院环境（如门诊、紧急护理和养老院）的监测，以确定和控制与医疗相关的感染和其他国家通报的疾病。

（10）加强国内外对于血液、器官和组织移植中相关的寄生虫感染、急性抗生素耐药性、药物和医疗产品安全问题以及其他重大违规事件的监管。

（11）通过资助、实施和维护先进的实验室诊断能力建设，提高各州和地方实验室的诊断能力。

（12）通过提供技术援助和培训赋能国家实验室，利用临床、环境和分子实验室方法确定新的和正在出现的卫生保健相关病原体，加强国家打击卫生保健相关感染的能力。

（13）协助各州、地区、部落和印第安人组织，提高城市、县区的公共卫生实验室能力，为应对生物恐怖主义事件以及意外或有意释放生物制剂的其他紧急情况做好准备和响应。

（14）扩大数据的获取和共享，支持州、地方和部落以及印第安人组织和其他合作伙伴的流行病学计划。

（15）实施尖端的信息技术解决方案，促进州、地方、部落、印第安人组织和联邦公共卫生机构、卫生保健机构、实验室之间快速安全且准确地交换各种信息，以及在适当情况下与对应的国际监管机构合作。

（16）增强和维持国内外实验室的能力，收集、运送、筛选、储存和测试标本样本以应对公共卫生威胁；进行研究和开发，防控危险。

（17）改善公共和私人卫生保健数据库，提高其可访问性，促进其一体化，使研究人员能够确定节约成本的健康保护措施。

（18）通过联邦、州、地方、部落组织的基于流行病学、实验室实践、预防医学、环境卫生服务、公共卫生管理、信息学等的预防效果培训计划，发展入门级公共卫生人才。

（19）通过公共卫生、监测、流行病学、预防、信息学和实验室科学等方面的实地指导和电子学习课程，解决现有工作人员基本公共卫生知识和技能方面存在差距的问题。

2. 战略目标 2：增进美国人民的健康、安全和福祉

（1）通过维护国内外强有力的公共卫生和应对体系，加快疫苗等生物制剂的开发和审批，鼓励开发产品，预防、检测、诊断和治疗新发传染性疾病和生物恐怖主义威胁以及抗生素耐药性感染，阻止传染病传播。

（2）支持国家和部落应对传染病和流行病能力的提高，以预防、调查并控制卫生保健相关的感染、疾病暴发和其他卫生保健威胁。

（3）按照《预防卫生保健相关感染的国家行动计划：消除路线图》（*National Action Plan to Prevent Health Care-Associated Infections：Roadmap to Elimination*）及相关战略文件的规定，实施预防和减少与卫生保健有关感染的战略。

（4）通过提供数据来检测感染和以证据为基础的指导原则，支持州、地方和部落努力减少医疗保健相关感染，从而改善护理质量并保护患者。

（5）与州及联邦合作伙伴合作，检测抗生素耐药性病原体的出现和传播，并迅速做出反应，防止局部传播。

（6）与联邦合作伙伴合作，继续开发实施实验室生物安全政策、指南和标准，以防止生物制剂和毒素的误用、盗窃或丢失。

（7）加强疫苗安全制度，迅速查明疫苗接种后的不良事件。

（8）消除对儿童、青少年和成人进行常规免疫接种的经济及其他障碍。

（9）防止人类免疫缺陷病毒（HTV，也称艾滋病病毒）感染的蔓延，提高患者的意识，大力减少其接受治疗的社会障碍和心理障碍，使他们能够利用白宫于 2015 年发布的《美国国家人类免疫缺陷病毒/艾滋病战略：更新到

2020 年》(*National HIV/AIDS Strategy for the United States*：*Updated to 2020*)
中所阐明的适当手段获得全面的艾滋病护理和治疗。

（10）预防和控制病毒性肝炎的传播。

（11）与联邦和全球卫生合作伙伴共同努力，消灭脊髓灰质炎，减少艾
滋病、甲肝、乙肝、肺结核、疟疾等传染病的传播，提高国家公共卫生能力。
根据《全球卫生策略》(*Global Health Strategy*)和《疾病预防控制中心 2012—
2015 年全球卫生战略》(*CDC Global Health Strategy 2012—2015*)的原则，
提高应对传染病和其他新出现的威胁以及突发公共卫生事件的能力。

（12）实施以公共卫生为重点、以风险为基础的食品和饲料安全方针，
确保遵守科学标准，确立预防重点，加强监督和执法、加强应对和恢复，以
为人类和动物保护食品和饲料安全。

（13）加强对食源性疾病暴发的反应工作，加快对受污染食品的追踪。

（二）美国疾病控制与预防中心制定的生物安全相关战略规划

1. 改善国内和世界卫生安全状况

美国疾病控制与预防中心（CDC）在准备、快速检测和响应方面的专业
知识可挽救生命并保护社区免受健康威胁。CDC 正在采用更快、更先进的
方式来查找、制止和防止国内外传染病暴发。传染病在美国的传播不仅会造
成痛苦和死亡，还会对医疗成本和经济产生重大影响：仅食源性疾病，每年
就可导致大约 4800 万人患病，造成的损失超过 155 亿美元；每年约有 200
万人感染抗生素耐药细菌，其中约 2.3 万人死亡；而因住院时医疗相关感染
死亡的美国人每年约有 7.5 万（Centers for Disease Control and Prevention，
2016）。CDC 拟通过建立一支技术熟练的队伍、使用经过验证的干预策略、加
强美国乃至全世界的实验室网络，来为保护公众健康提供强有力的系统支持。

1）增加获得高质量实验室检测的机会，包括使用先进的分子检测
（AMD）技术

①在 CDC 和全球各地的合作伙伴实验室采用新的尖端 AMD 技术，使
得 CDC 有能力更快地发现、识别和应对新出现的抗生素耐药性传染病暴
发情况；②随着技术的进步，CDC 将继续帮助州和地方处于应对健康威胁
第一线的实验室实施传染病的现代化高质量检测；③CDC 的环境卫生实验

室为检测新生儿疾病、危及生命的疾病、营养状况和环境暴露问题的实验室提供服务、标准和质量保障；④把 CDC 的实验室作为解决新发疾病和准备年度流感疫苗的全球参考中心。CDC 现有 23 个项目被指定为世界卫生组织的全球合作中心，为保护美国人免受国外威胁提供了专业的知识和技术。

2）通过提升检测及应对脊髓灰质炎、流行性感冒、埃博拉出血热、中东呼吸综合征等疾病威胁以及寨卡病毒等虫媒病毒威胁的能力，加强全球卫生安全

通过增强国家在以下方面的能力，加速向安全的世界迈进，确保免受传染病威胁，促进全球卫生安全。①预防和减少自然的、意外的或有意的疾病暴发的可能性；②尽早发现疾病威胁以挽救生命；③多部门、国家间协调和沟通，快速有效地做出反应。

3）增强各州和地方预防、检测及应对健康威胁的能力

①CDC 为州和地方的准备系统提供支持，以提高分子诊断测试的能力；②CDC 的精选代理登记处通过追踪拥有和使用致病物及毒性物质的行为主体来防止意外泄漏或有意滥用，保障美国人的安全；③通过开发诸如医疗对策、评估系统等新工具，确保各州可以在危机期间快速分配药物以减少疾病和死亡；④州及国家公共卫生计划之间联合执行的国家综合征监测计划使合作伙伴能够发现和鉴定疾病的暴发以及其他危险事件或公共卫生问题，从而加强区域和国家对紧急情况的感知能力；⑤CDC 支持州及地方的小头畸形和其他可能与寨卡病毒感染有关的不良后果的快速监测。

2. 更好地预防疾病以及总结导致伤害、残疾和死亡的主要缘由

①与社区合作，预防伤害、疾病和残疾；②除了流行病学和实验室建设外，推行包括儿童疫苗计划在内的各种疫苗接种计划，检测和应对疫苗可预防的疾病。

3. 加强公共卫生和医疗保健合作

利用与临床医生、医疗保健机构的合作关系，减少医疗相关感染和抗生素耐药性感染，并防止处方药过量。

CDC 已投入了经实践证实的努力，以对抗不可治疗的耐抗生素感染的威胁。2014 年，芝加哥预防和干预中心（Chicago Prevention and Intervention

Epicenter）在四家长期急诊医院完成了对一项新预防方案的多中心评估，结果显示致命的耐碳青霉烯类肠杆菌（carbapenem-resistant enterobacteriaceae，CRE）感染率降低了约56%。

（三）美国农业部制定的生物安全相关战略规划

美国农业部（USDA）制定的战略规划旨在确保食品安全，保护公众健康。

食品安全方面，虽然美国的食品供应体系是世界上最安全的食品供应体系之一，但其食源性疾病仍然是一种常见的、代价高昂但基本可预防的公共卫生问题。许多不同的致病微生物或病原体都会污染食物，因此有许多不同的食源性感染。每年平均每六个美国人中就有一人经历过一次食源性疾病，即因食用受污染的食物或饮料而患病。USDA致力于确保食物"从农场到餐桌"的安全性，以减少和预防食源性疾病。USDA投资其劳动力建设和数据基础设施建设，通过降低食品污染的发生率预防并努力限制疫情暴发，防止食源性疾病对消费者造成伤害。

对食品安全问题和执法的有效回应取决于及时、高质量的数据和分析。USDA通过确保肉类、家禽和蛋制品的卫生安全可靠，为其正确贴上标签和包装，以及开展电子商务监测活动，来保护公众的健康。2012财年，在USDA监管的食品中，估测有479 621例沙门菌、单核细胞性李斯特菌和大肠杆菌O157：H7食源性污染病例。同年，加工处理约1.47亿头牲畜和89亿只家禽的场所，实现了规范操作并确保了公共卫生安全[①]。

USDA也衡量了功能性食品防卫计划的行业应用。食品防卫计划是官方肉类及家禽屠宰加工企业、蛋品厂和官方进口检验机构应遵循的书面程序。其主要目的是保护食品供应免受化学品、生物制剂或其他有害物质的故意污染。这些计划有助于该行业保护公共健康并减少对食品基础设施的负面经济影响。

由于产品进口和农场实践会显著影响食品安全，USDA参与并制定了官方的食品法典，以确保基于科学的国际公共卫生标准到位，促进其他国家政府和国际生产者使用食典标准，对进口产品进行审核与再检查以确保进口产品的安全性并为促进其良好的农场农业实践提供指导。由美国主持的国际食品法典委员会于2011年通过了控制鸡肉中弯曲菌和沙门菌的指导方针。该

---

① Protect Public Health by Ensuring Food is Safe. https：//obamaadministration. archives. performance. gov/ content/protect-public-health-ensuring-food-safe. html [2019-5-20].

指导方针符合 USDA 的卫生执行标准，有助于确保进口产品的安全。

USDA 积极与其他公共卫生伙伴，尤其是与 CDC 和 FDA 通力合作，通过诸如跨部门食品安全分析协作团体（IFSAC）、跨部门食源性疾病疫情应对合作（IFORC）、跨机构风险评估协会（IRAC）等跨机构工作组提高了公众对食源性疾病及致病食物的认识。

三、项目与经费

2018 年 10 月 17 日，约翰·霍普金斯健康安全中心（Johns Hopkins Center for Health Security）发布了《2019 财年联邦卫生安全资助报告》（*Federal Funding for Health Security in FY2019*）（Watson et al.，2018）。该报告汇报了 2019 财年美国总统的预算计划、2018 财年预估资金的更新以及 2010～2017 财年实际投入的资金总量。

该报告主要聚焦于公共卫生、医疗保健、国家安全和国家卫生防御相关的卫生安全项目，并且着重评估了美国政府在以下 5 个加强卫生安全的关键领域的资助情况（图 2-1）。

（1）生物安全：该联邦项目旨在预防、准备以及应对针对国民的生化因子和意外泄漏的生化物质。

（2）放射性和核物质安全：该联邦项目旨在预防、准备以及应对与放射性物质/核物质相关的恐怖袭击和大范围放射性物质事故。

（3）化学安全：该联邦项目旨在预防、准备以及应对蓄谋或意外的大范围突发性化学物质暴露事件。

（4）大流行性流感与新发传染病：该联邦项目旨在准备及应对大范围自然发生的以及潜在不稳定的流行性疾病。

（5）多灾害与常规准备：该联邦项目旨在关注多重灾害，并且重点留意会造成大范围卫生威胁的基础设施和相关技术。

在美国总统提出的 2019 财年预算中，卫生安全相关的项目资助约 136 亿美元，与 2018 财年估算的 142.4 亿美元相比减少了约 4%，而与 2017 财年的实际资助 139.96 亿美元相比则减少了约 3%。

如图 2-1 与图 2-2 所示，绝大部分的 2019 财年联邦卫生安全资金用于多灾害与常规准备的任务中（约 76.2 亿美元，占 56%），这比 2018 财年减少了约 7%。约 18%的资金用于放射性和核物质安全（约 23.8 亿美元），比上一财年低了约 6%。约 12%的资金投入生物安全中（约 16.1 亿美元），同比下降了约 3%。化学安全的资金约占了 3%（约 3.961 亿美元），下降了约 2%。最后，约 11%的卫生安全资金用于大流行性流感与新发传染病（约 15.9 亿美元），增幅约 8%，这是整个预算计划中唯一预算上调的项目。

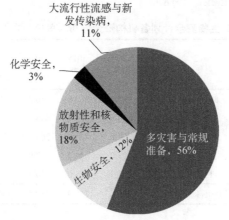

图 2-1　2019 财年联邦卫生安全五大项目资金

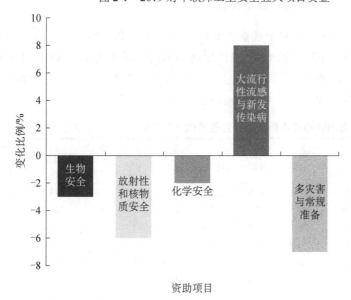

图 2-2　2018～2019 财年不同项目资金投入变化

1. 美国生物安全计划

2019 财年预算用于生物安全计划的资金总额为 16.137 亿美元，与 2018 财年相比减少了 0.5 亿美元。该计划资助机构包括国防部（DOD）、国土安全部（DHS）、HHS、USDA 和国家科学基金会（NSF），各机构的预算分布见表 2-2（Watson et al.，2018）。

表 2-2　生物安全计划各机构资金分布（单位：百万美元）

机构	2010 财年	2011 财年	2012 财年	2013 财年	2014 财年	2015 财年	2016 财年	2017 财年（实际）	2018 财年（估计）	2019 财年（预算）
DOD	573.1	692.3	891.1	825.7	1035.6	889.8	750.2	633.9	707.8	600.0
DHS	713.1	623.9	654.8	642.6	614.9	1016.4	693.5	720.4	651.0	731.9
HHS	234.5	398.0	244.5	246.3	271.8	266.8	266.8	266.8	266.8	266.8
USDA	0.0	0.0	0.0	26.0	27.0	31.0	32.0	38.0	38.0	15.0
NSF	15.0	15.0	15.0	15.0	16.7	15.0	15.0	—	—	—
合计	1535.7	1729.2	1805.4	1755.6	1966.0	2219.0	1757.5	1659.1	1663.6	1613.7

2. 美国放射性和核物质安全计划

联邦政府 2019 财年对于放射性和核物质安全计划的预计投入为 23.843 亿美元，比上一财年减少约 6%。该计划资助机构包括能源部（DOE）、DHS、DOD、国务院（DOS）、国家环境保护局（EPA）以及核管理委员会（NRC），各机构的预算分布见表 2-3（Watson et al.，2018）。

表 2-3　放射性和核物质安全计划各机构资金分布（单位：百万美元）

机构	2010 财年	2011 财年	2012 财年	2013 财年	2014 财年	2015 财年	2016 财年	2017 财年（实际）	2018 财年（估计）	2019 财年（预算）
DOE	2628.1	1758.7	1802.1	1361.0	1223.7	1352.8	1867.3	1856.9	1844.2	1853.2
DHS	348.5	378.3	327.1	345.3	335.4	328.0	363.3	391.1	368.9	197.5
DOD	316.1	359.5	339.6	213.8	202.0	180.3	185.7	172.7	181.6	194.4
DOS	67.0	81.5	91.9	95.5	93.0	93.0	94.2	94.2	97.9	96.9
EPA	23.1	23.5	20.6	19.7	20.5	18.5	18.4	18.2	18.7	8.7
NRC	41.1	37.1	42.5	40.4	37.5	34.8	32.3	31.6	30.3	33.6
合计	3423.9	2638.6	2623.8	2075.7	1912.1	2007.4	2561.2	2564.7	2541.6	2384.3

3. 美国化学安全计划

化学安全计划旨在防止潜在有害化学物质的无意泄漏以及化学武器和有毒工业化学品的蓄意释放。在 2019 财年，总统预算向化学防御项目投入3.961 亿美元，这比 2018 财年少了约 2%。该计划资助机构包括 DOD、EPA、DHS、DOS 和 HHS，各机构的预算分布见表 2-4（Watson et al.，2018）。

表 2-4 化学安全计划各机构资金分布（单位：百万美元）

机构	2010财年	2011财年	2012财年	2013财年	2014财年	2015财年	2016财年	2017财年（实际）	2018财年（估计）	2019财年（预算）
DOD	180.0	188.6	160.4	221.4	255.2	175.6	223.6	203.3	200.0	205.9
EPA	117.2	125.9	115.1	108.9	107.7	115.6	110.8	119.2	111.9	90.9
DHS	116.9	105.2	105.3	82.4	92.3	90.1	82.3	77.2	69.1	77.8
DOS	24.0	25.5	19.6	20.1	20.1	17.0	18.3	20.2	21.5	21.5
HHS	50.0	49.5	0.0	10.3	10.3	11.6	11.6	0.0	0.0	0.0
合计	488.1	494.7	400.4	443.1	485.6	409.9	446.6	419.9	402.5	396.1

4. 美国大流行性流感与新发传染病计划

大流行性流感与新发传染病计划在 2019 财年获得资金估计为 15.876 亿美元，与 2018 财年相比，增加了约 1.15 亿美元（增幅约 8%）。该计划的资助机构包括 HHS、美国国际开发署（USAID）和 DOD，各机构的预算分布见表 2-5（Watson et al.，2018）。

表 2-5 大流行性流感与新发传染病计划各机构资金分布（单位：百万美元）

机构	2010财年	2011财年	2012财年	2013财年	2014财年	2015财年	2016财年	2017财年（实际）	2018财年（估计）	2019财年（预算）
HHS	1146.0	914.1	905.2	914.4	1066.6	1067.8	1237.5	1260.2	1333.0	1450.2
USAID	156.0	47.9	58.0	54.9	72.1	72.5	72.5	72.5	72.5	72.5
DOD	0.0	0.0	0.0	0.0	0.0	0.0	22.2	48.3	67.2	64.9
合计	1302.0	962.0	963.2	969.3	1138.7	1140.3	1332.2	1381.0	1472.7	1587.6

5. 美国多灾害与常规准备计划

2019 财年，总统预算向多灾害与常规准备计划投入 76.191 亿美元，比2018 财年估算资金减少约 5.37 亿美元（减少约 7%）。该计划的资助机构包括 HHS、DHS、DOD、DOS、EPA、司法部（DOJ）、NSF、商务部（DOC）、

USDA 和退伍军人事务部（VA），各机构的预算分布见表 2-6（Watson et al.，2018）。

表 2-6 多灾害与常规准备计划各机构资金分布（单位：百万美元）

机构	2010 财年	2011 财年	2012 财年	2013 财年	2014 财年	2015 财年	2016 财年	2017 财年 （实际）	2018 财年 （估计）	2019 财年 （预算）
HHS	3910.6	4273.6	4190.9	4006.0	4303.2	4333.6	4871.3	4809.7	5005.2	4779.6
DHS	2271.9	1805.5	2148.2	2246.1	1784.9	1645.6	1774.6	1841.8	1833.7	1445.3
DOD	913.2	483.8	503.1	512.3	628.8	564.5	558.2	537.4	627.2	701.8
DOS	252.3	232.1	210.6	195.0	218.3	194.3	217.4	222.6	191.2	184.5
EPA	368.2	381.2	295.0	289.3	287.0	296.4	310.1	289.8	269.7	265.7
DOJ	88.0	88.0	87.0	84.0	92.0	93.0	95.0	96.0	95.3	101.4
NSF	83.6	77.9	78.8	78.3	78.3	80.7	77.3	0.0	0.0	0.0
DOC	58.1	66.0	56.6	52.3	55.6	56.7	58.6	58.4	58.5	65.1
USDA	50.0	48.0	53.0	52.0	52.0	51.0	51.0	76.0	75.0	75.0
VA	1.0	1.3	0.7	0.5	1.0	1.0	1.0	1.8	0.7	0.7
合计	7996.9	7457.4	7623.9	7515.8	7501.1	7316.8	8014.5	7933.5	8156.5	7619.1

显然，2019 财年，美国联邦政府对卫生安全的总预算金额（136 亿美元）有了一定的削减，与 2018 财年和 2017 财年相比分别减少了约 4%和 3%。预算中，生物安全、放射性和核物质安全、化学安全、大流行性流感与新发传染病、多灾害与常规准备这五大项目分别占卫生安全总拨款金额的 12%、18%、3%、11%和 56%。

第二节 欧盟生物安全战略计划

一、战略与政策

截至 2019 年，欧盟发布了三份安全战略文件：《更加美好世界中安全的欧洲——欧洲安全战略》（*A Secure Europe in a Better World —European Security Strategy*，2003 年）、《欧盟安全战略执行报告》（*Report on the Implementation of the European Security Strategy*，2008 年）以及最新的安全战略文件《共同愿景，共同行动：一个更强大的欧洲》（*Shared Vision，Common*

Action：*a Stronger Europe*，2016 年）。

《更加美好世界中安全的欧洲——欧洲安全战略》的发布背景是 20 世纪 90 年代以来建立的共同外交与安全政策机制，该战略旨在实现一个更加安全的欧洲，分析欧盟面临的安全威胁以确定其战略目标和对欧洲的政治影响。但在实际效力上，该战略仅提供了一个愿景，不能为欧盟成员国提供具体的指导，无法发挥实际效用。

《欧盟安全战略执行报告》是对 5 年来《更加美好世界中安全的欧洲——欧洲安全战略》实施状况的回顾，并提出了一些改进措施。作为对 2003 年安全战略的小幅修补，其仍存在缺乏实际约束力与效益的问题。

2008 年后，随着国际形势和欧盟内部的巨大变化，欧洲的战略安全环境变得更为复杂：一方面，在外部层面，毗邻的中东、北非地区持续动荡，难民问题难以长远解决，恐怖袭击的阴影时而笼罩在欧洲上方；另一方面，欧盟内部权力格局发生变化，权力分配、义务执行带来的矛盾与日俱增。基于此，欧盟对其安全策略做出了调整，于 2016 年 6 月 28 日发布了新的安全战略文件——《共同愿景，共同行动：一个更强大的欧洲》，以更替 2003 年推出的《更加美好世界中安全的欧洲——欧洲安全战略》。

该战略表示，保障公民和领土安全、促进和平繁荣以及推进基于规则的全球秩序是欧盟成员国共同的诉求。该战略重点分五个方面：①保障欧盟内部安全，成员国团结一致加强欧盟在国防、网络、反恐、能源和传播方面的努力，并加强与北大西洋公约组织等战略伙伴的合作；②协助提升东部（中亚）和南部（中非）地区国家的弹性，刺激其转型；③用综合手段解决冲突，在冲突的各个阶段采取干预行动，从冲突发生的各个层面采取行动；④保持合作的区域秩序；⑤建立以国际法为基础的全球秩序，为国家和非国家行为者提供全球协调的措施。

与 2003 年的安全战略相比，2016 年的新安全战略有四个方面的提升与不同（叶江，2017）：①欧盟自身的安全被放在了战略的首要位置；②缩小了原先充满理想主义的在全球范围内推进民主化转型的目标，转而强调提升小范围周边国家和社会的弹性，从而从外部保障欧盟的安全；③更加强调行动以达成愿景，贯彻务实主义原则；④更加强调美欧联盟组织的作用，尤其强调加强与北大西洋公约组织的合作。

总之，2016 年的新安全战略对欧盟具有重要意义，它为欧洲应对当今时代的安全挑战提供了行动指南，制定了一套完整的对外战略体系；以实用主义为导向，提出了具体的战略措施，为欧盟进一步开展防卫行动、推动全球治理体系变革奠定了基础。当然，该战略的实施也面临了一些挑战，如存在部分已有制度的约束、欧盟内部分歧等。

对于中国来说，该战略文件表示，欧盟将在尊重国内和国际法治的基础上与中国接触，并最大限度地发挥欧盟-中国连接平台的潜力，深化与中国的贸易和投资，寻求公平的竞争环境和适当的知识产权保护，在高科技方面加强合作，在经济改革、人权和气候问题方面展开对话（European Union，2016）。

二、规划与计划

（一）欧盟科研框架计划

为了促进欧洲的科研和发展，欧盟委员会于 1984 年开始实施欧盟科研框架计划（FP）。FP 是迄今为止世界上最大的公共财政科研助计划之一。历时 23 年，FP 从第一框架计划（FP1）发展到了第七框架计划（FP7）。

2007 年，FP7 将卫生健康和安全列为两大主题。在卫生与健康领域，欧盟的目标是应对包括新出现的传染病在内的全球健康问题，同时改善欧洲公民的健康状况，提高欧洲健康相关产业和企业的竞争力并促进其创新能力的提升。为了实现这一目标，欧盟重点开展以下领域的研究。①包括真菌病原体在内的抗生素耐药问题：重点是将耐药分子机制、微生物生态学和宿主-病原体的基础研究与对新干预方法的临床研究结合起来，旨在降低多重耐药传染病的发生与传播。②人类免疫缺陷病毒/艾滋病、疟疾与肺结核：重点是开发新疗法、诊断工具、预防工具，如疫苗和人类免疫缺陷病毒杀菌剂等阻断化学传播药物研究侧重于在全球范围内对抗这三种疾病，同时也将关注这三种疾病及肝炎在欧洲的传播状况。③可能出现的新流行病和可能再度发生的流行病：重点是应对可能引起流行的病原体，包括人畜共患病（如 SARS 和高致病性流感）。在安全领域，欧盟重点关注具有跨国影响力的事故可能构成的威胁，如犯罪分子、犯罪分子所使用的装备和资源或攻击方式带来的威胁。

2011 年 8 月 9 日，欧盟委员会宣布，针对 FP 追加 1200 万英镑拨款，启动一项名为"预测全球新型流行病暴发"的项目，用以提高欧洲应对诸如致病性大肠杆菌等病原菌的能力。该项目的重点是开发能预防未来流行病的方法，以应对新的疾病暴发。

（二）欧盟"地平线 2020"计划

欧盟"地平线 2020"（Horizon 2020）计划是有史以来欧盟最大的研究和创新计划，该计划为期 7 年（2014～2020 年），预计总注资约 770 亿欧元（不考虑通货膨胀效应）。该计划旨在确保欧洲产出世界一流的科学，消除创新障碍，打通公共和私营部门间的合作渠道，从而推动经济增长和创造就业机会。

该计划几乎涵盖了欧盟所有的科研项目，设立了三大重点研究领域，即"卓越的科学"（excellent science）、"工业的领袖"（industrial leadership）和"社会的挑战"（societal challenges）。该计划从基础科学、技术研发、社会发展等多个方面开展科研项目，具体内容如表 2-7 所示。其中"工业的领袖"领域中的"促进工业技术的领先地位"方向、"社会的挑战"领域中的"食品安全、可持续农业、海洋/事、生物经济"方向以及"人口健康、人口结构变化及社会福利"方向都涉及生物安全。

表 2-7　欧盟"地平线 2020"计划及其评估指标

框架计划	专项计划	支持目的
"卓越的科学"计划（244.41亿欧元）：提高欧洲基础学科的研究水平，通过一系列世界级研究，保持持久的竞争力	（1）欧洲研究理事会（ERC）	支持最有才华和创造能力的个人及其团队，主要面向前沿科学，开展高质量研究
	（2）未来与新兴技术计划（FET）	资助跨领域合作研究，并拓展新的具有前景的研究领域
	（3）玛丽·居里行动计划（Marie Curie Actions）	为科研人员提供高层次的培训和职业发展机会
	（4）欧洲科研基础设施	确保欧洲具有顶级的科研基础设施（包括信息化基础设施），并向欧洲及其他地区的所有研究人员开放

续表

框架计划	专项计划	支持目的
"工业的领袖"计划（170.16 亿欧元）：通过推进已有商业规划的创新活动，使欧洲在科研创新方面成长为更具吸引力的投资地区	（1）促进工业技术的领先地位	信息与通信技术、纳米技术、新材料技术、生物技术、先进制造及加工技术和空间技术等方面提供专项支持，确立在工业技术领域的领先地位，并对跨领域合作进行支持
	（2）拓展风险投资的渠道	
	（3）中小企业的创新计划	为中小企业的创新活动提供广泛的联盟支持
"社会的挑战"计划（296.79 亿欧元）：通过强大的创新能力，解决欧洲或其他地区公民共同关注的问题	（1）人口健康、人口结构变化及社会福利	该计划将积极与"欧洲创新伙伴关系"（European Innovation Partnerships）计划的科研活动建立联系，并融合推进
	（2）食品安全、可持续农业、海洋/海事、生物经济	
	（3）安全清洁能源	
	（4）智能交通运输	
	（5）气候变化，能源利用效率和原材料	
	（6）包容创新安全社会	
欧洲创新与技术研究院（EIT）（27.11 亿欧元）		"地平线 2020"重视推进基础科学研究和国际合作研究，大幅增加欧洲创新与技术研究院的研究经费
联合研究中心 JRC 的无核研究（19.03 亿欧元）		加强在更多领域建立合作伙伴关系
其他（12.78 亿欧元）	社会共存科学和传播	
总额 770.28 亿欧元		

三、项目与经费

（一）欧盟科研框架计划

历届欧盟科研框架计划的资助额度如表 2-8 所示（钟蓉等，2014）。该表记录了欧盟在研究与创新方面投资逐年增长的发展情况。

表 2-8 历届欧盟科研框架计划

名称	执行年限	经费/亿欧元	目标
第一框架计划（FP1）	1984~1990	32.71	
第二框架计划（FP2）	1987~1995	53.57	1. 建设欧盟统一的研究区域（ERA）
第三框架计划（FP3）	1991~1995	65.52	2. 保持科学技术的卓越
第四框架计划（FP4）	1995~1998	131.21	3. 提升工业企业的竞争力
第五框架计划（FP5）	1999~2002	148.71	4. 应对经济社会的挑战
第六框架计划（FP6）	2003~2006	192.56	
第七框架计划（FP7）	2007~2013	558.06	1. 建设欧盟统一的研究区域（ERA） 2. 保持科学技术的卓越 3. 提升工业企业的竞争力 4. 应对经济社会的挑战 5. 经济增长 6. 扩大就业

FP7 致力于达到或维持欧盟在世界某些领域的领先地位，它由四个专项计划和一个核研究特殊计划组成（任世平，2007）。

1. 合作计划（Cooperation）

该计划的目的是支持欧盟成员国间的合作、支持业界和学术界间的合作、支持跨学科研究合作，从而推动科技创新和领先。

该计划分十大主题领域：①健康（health）；②食品、农业和生物技术（food，agriculture，biotechnology）；③信息与通信技术；④纳米科学、纳米技术、材料和新制造技术；⑤能源；⑥环境，包括气候变化；⑦交通，包括航空；⑧社会经济学和人文科学；⑨太空；⑩安全。

FP7 合作计划中的健康与食品、农业和生物技术两个主题与生物安全相关。

FP7 2013 年度健康主题工作方案中，与生物安全相关的内容有：生物技术、通用工具和人体健康医疗技术，优化欧洲公民的医疗保健，研究成果应用于人类健康。

FP7 2013 年度食品、农业和生物技术主题工作方案中，与生物安全相关的内容有：持续生产和管理来自陆地、森林和水生环境的生物资源，餐桌到农场，食物（包括海鲜）安全和健康，生命科学、生物技术和生物化学用于可持续的非食品类产品和流程。

2. 原始创新计划（Ideas）

该计划由欧洲研究理事会负责实施，支持有风险且极具影响力的研究，促进新兴和产生快速影响力的领域达到世界级科学研究水平。

3. 人力资源计划（People）

该计划旨在通过与外国科学家的合作来加强欧洲研究，通过研究人员流动建立持久的联系，具体实施则是通过玛丽·居里行动计划来完成。

该计划分五大主题领域：①科研启动期培训网络（initial training networks，ITN）；②建立产学界合作伙伴关系（industry-academic partnerships and pathway，IAPP）；③国际合作（international dimension），包括来访学者奖学金（international incoming fellowships，IIF）、国际科研人才交流计划（international research staff exchange scheme，IRSES）、出访学者奖学金（IOF）（资助欧盟学者）、国际科研人才回流资助（IRG）（资助欧盟或欧盟候选国学者）；④终身学习和职业发展（lifelong training and career development）；⑤特别行动（specific actions）。

4. 研究能力建设计划（Capacities）

该计划旨在发展研究能力，支持欧洲创新能力建设，增强欧洲学界的研究能力。

5. 欧洲原子能共同体计划（Euratom）

该计划包括两个特殊计划：核聚变能研究计划和核裂变及辐射保护计划。

（二）"地平线 2020"各时期工作方案中与生物安全相关的内容

"地平线 2020"七年期计划分为 2014～2015 年度、2016～2017 年度、2018～2020 年度三个区间，各个时间段的工作方案中涉及生物安全相关的主题见表 2-9。

表 2-9 "地平线 2020"工作方案中与生物安全相关的主题

年度	章节	领域	主题[①]
2014～2015	第八部分	个体健康和护理	PHC 5-2014：健康促进与疾病预防——细化分层组学研究的提案
			PHC 7-2014：通过快速识别病原体来改善对传染性流行病和食源性疾病暴发的控制
			PHC 8-2014：针对与贫困有关的和被忽视的传染病的疫苗开发——结核病
			PHC 9-2015：针对与贫困有关的和被忽视的传染病的疫苗开发——人类免疫缺陷病毒/艾滋病

① 协调和支持行动（coordination and support actions，CSA）；研究与创新行动（research and innovation actions，RIA）；创新行动（innovation actions，IA）。

年度	章节	领域	主题
2014～2015	第八部分	个体健康和护理	PHC 16-2015：先进疗法的工具和技术
			PHC 32-2014：推进生物信息学，满足生物医学和临床需要
		协作行动	HCO 4-2014：支持国际传染病防疫研究
			HCO 12-2015：ERA-NET——抗生素耐药性
		其他行动	HOA 6-2014：干细胞研究推广
			HOA 8-2015：减少在上呼吸道感染处理中使用抗生素的创新试验
			HOA 9-2014：针对埃博拉病毒暴发的卫生应急研究
2016～2017	第五部分	生物技术	BIOTEC-07-2017：分子农业中的新植物育种技术（NPBT）——工业生物制品的多用途作物
	第八部分	个性化医学	SC1-PM-01-2016：基因组、表观基因组、蛋白质组学、代谢组学等多组学研究服务于针对免疫系统疾病的个性化治疗
			SC1-PM-03-2017：罕见病的诊断特征
			SC1-PM-06-2016：疟疾和/或被忽视的传染病的疫苗开发
			SC1-PM-22-2016：填补拉丁美洲寨卡病毒和其他新兴威胁的研究空白
		协作行动	SC1-HCO-04-2016：实现抗生素耐药性联合规划倡议的全球化
	第九部分	可持续的粮食安全	SFS-01-2016：作物生产中多重复合压力胁迫的解决方案
			SFS-03-2016：测试和育种以实现作物的可持续性和抗逆性
			SFS-09-2016：聚焦虫害危害暴发——木质部难养菌（Xylella fastidiosa）
			SFS-10-2017：植物和陆生家畜中出现的疾病和害虫的研究和方法
			SFS-11-2016：疾病管理的挑战——热带和亚热带的多年生作物
			SFS-14-2016：了解宿主-病原体-环境的相互作用
			SFS-18-2017：支持粮食和营养安全的欧洲研究和创新政策框架——《2030 年食品发展与实施》
2018～2020	第五部分	生物技术	BIOTEC-01-2018：合成生物学标准化（CSA）
			BIOTEC-02-2019：提高光合作用效率（RIA）
			BIOTEC-03-2018：合成生物学以扩大自然化学生产的多样性（RIA）
			BIOTEC-06-2020：生物传感器重新编程的微生物（IA）
			BIOTEC-07-2020：用于优化基因型-表型关联的多元组学（RIA）
		循环经济-生物技术	CE-BIOTEC-04-2018：新的环境修复生物技术（RIA）
			CE-BIOTEC-05-2019：塑料生物降解微生物群落（RIA）

续表

年度	章节	领域	主题
2018～2020	第八部分	更好的卫生保健	SC1-BHC-07-2019：再生医学——对新应用的新见解
			SC1-BHC-09-2018：未来先进治疗的创新平台
			SC1-BHC-10-2019：创新采购——下一代测序（NGS）用于常规诊断
			SC1-BHC-13-2019：挖掘大数据，以便及早发现受气候变化和其他因素影响的传染病威胁
			SC1-BHC-14-2019：采用分层的宿主依赖特异方法加强对传染病的预防、治疗和/或治愈
			SC1-BHC-15-2018：预防和/或治疗被忽视的传染病（NID）的新型抗感染药物
			SC1-BHC-16-2018：全球慢性病联盟（GACD）——在人口层面扩大以证据为基础的卫生干预措施，以预防和管理高血压和/或糖尿病
			SC1-BHC-18-2018：欧洲与拉美和加勒比国家共同体之间的转化合作癌症研究（CELAC）
			SC1-BHC-19-2019：妇幼保健实施研究
			SC1-BHC-21-2018：欧盟与俄罗斯合作研究解决HIV、结核病和/或丙型肝炎（HCV）单独、共感染
		协作行动	SC1-HCO-06-2018：建立一个国际社会科学研究中心网络，以帮助解决应对传染病威胁方面的管理和其他挑战
			SC1-HCO-08-2018：建立欧洲范围内的可持续性传染病临床研究网络
			SC1-HCO-10-2018：协调欧洲脑研究和发展全球行动
			SC1-HCO-11-2018：中欧卫生研究与创新战略合作
		卫生保健的数字化转化	SC1-DTH-01-2019：大数据和人工智能监测癌症治疗后的健康状况和生活质量
	第九部分	建设低碳、适应气候变化的未来-可持续的粮食安全	LC-SFS-03-2018：微生物组应用于可持续食品系统
		可持续的粮食安全	SFS-01-2018-2019-2020：行动中的生物多样性——跨越农田和价值链
			SFS-04-2019-2020：综合卫生方法和杀虫剂使用的替代方法
			SFS-05-2018-2019-2020：植物健康面临的新发风险
			SFS-06-2018-2020：加强病虫害综合管理
			SFS-07-2018：使欧洲养蜂业健康、可持续发展
			SFS-11-2018-2019：抗微生物和动物的药物生产
			SFS-12-2019：非洲猪瘟疫苗

（三）欧洲创新药物计划

2013 年 12 月 11 日，欧洲创新药物计划（IMI）宣布新一轮研究提案，此次提案有关 7 个主题，旨在解决一系列的药物研发挑战。此提案拥有共3.71 亿欧元的预算，其中 1.7 亿欧元来自 FP7，2.01 亿欧元来自参与此项目的大型制药公司的捐赠。该计划有 7 个主题。①骨关节炎——欧洲 60 岁以上的人群中，10%的男性和 18%的女性患有骨关节炎，其中 1/4 的人已经很难进行普通的日常活动（IMI，2013）。此项目将会分析现有的数据，为实现此病的个性化治疗创造条件。②阿尔茨海默病——到 2050 年，阿尔茨海默病在全球将会影响到约 1 亿人（Prince et al.，2015），因此迫切需要能够阻止此疾病的流行且在病症出现前就能予以处理来防止病情恶化的治疗方式。该项目旨在设计和测试新的、更有效的临床试验，同时评估多种潜在药物，并且降低试验中安慰剂组的患者比例。③癌症——这个新项目将开发新的微创手段从血液样品中获取癌细胞，并分析判断需要什么样的治疗以及药物的药效如何。④动物传播性疾病——在 2013 年之前的 20 年里，已有 25 例有记录的新疾病是从野生或家养的动物转移到人类的重大案例（IMI，2013）。这个项目旨在通过发展能容许新疾病疫苗的迅速研发和制造的工作程序与指导方针，来提高对于新疾病暴发的准备能力。⑤药物发现的新工具——近年来，科学家们已经成功完成了与疾病相关的无数基因与蛋白质的测序。然而，将这些序列融入可行的药物发现研究项目仍具有挑战性。这个项目将会产生高质量的研究工具，它会成为诸如骨关节炎和炎症性肠道病等疾病的新药研发的切入点。⑥抗生素耐药性（两个项目）——欧洲平均每年因耐药性死亡的人数约为 25 000 人，带来经济损失高达 15 亿欧元（IMI，2013）。其中，一个项目会集中开发新药，用于治疗与医疗保健相关的感染，如肺炎和尿路感染；另一个项目将致力于发展针对有囊性纤维化的患者的呼吸道感染以及相关疾病的新疗法。⑦药品对环境的影响——通过使用越来越敏锐的分析方法，环境中存在的低水平药品也能被检测到。目前，由于缺少工具和方法来评估它们对环境的影响，与这种环境暴露相关的风险尚不明确。这个项目将会定义新的工具，并提出一套更系统的方法来评估由可检测药品带来的环境风险。

第三节　日本生物安全战略计划

一、战略与政策

2013 年 12 月，日本发布了首份《国家安全保障战略》。该战略由日本政府对安全形势的严峻性判定而做出，拟维持日本在国际的政治经济地位，维持其国家的富裕与和平。战略强调本土的防卫原则，不主张成为军事大国，而是通过国际合作，尤其是深化美日同盟关系来巩固国家安全；除美国外，该战略还十分注重其在亚太地区的影响力，继续与东南亚国家联盟保持密切往来，与韩国、澳大利亚、印度加强合作。在维持与亚太、美国关系的基础上，发展同欧盟、南美诸国的合作，同时在政治经济和安保等多领域介入中东局势以解决该地区的"民主化问题"。

具体举措上，首先，战略拟继续发展日本的软实力优势，利用软实力和普世价值立足国际舞台、取得国际话语权，并进一步主导国际社会使之支持日本的立场与主张。其次，在硬实力方面，该战略强调要完善自卫队体制，深化政府与民间的合作，提升国家综合防御能力，着重强调了海上安保能力建设，拟提升海域监视能力和海上保安厅的效力。

2015 年 5 月中旬，安倍内阁审查并通过了提交国会审议的安全保障相关法案，标志着其战后以来一直维持的安全保障法律制度发生了重大变化。这些法案解禁了受《和平宪法》第 9 条"不设军队"限制的集体自卫权，扩大了自卫队的武力行使范围。系列法案通过后，自卫队的支援范围不再限于本土周边，且可使用武器护卫盟友国家的海上舰船，向其他国家或非国家行为体的军事力量发动攻击。

总体而言，安倍政府颁布的安全战略和法案表明，其基本已经背离战后订立的防卫原则，开始寻求安全防御方面的主动性。

二、规划与计划

第二次世界大战后，日本经济面临百废待兴的局面，国内外形势也出现了深刻变化。基于此背景，日本政府确立了"贸易立国"的基本战略，引进欧美实用技术，提高自身生产技术，使日本经济实现了飞速发展。到了 20 世纪 70 年代末，日本经济形势已大为改观，日本政府进而提出了"科技立国"的战略，旨在使日本由单纯的技术大国发展为科技大国。20 世纪 90 年代以后，日本政府进一步丰富了"科技立国"战略内容，于 1995 年提出了"科技创新立国"的战略，旨在于"知识经济"时代抢先占据竞争优势，提高自主创新能力，彻底摆脱模仿与改良的时代。

日本最重要的科学计划是"科学技术基本计划"。该计划是基于 1995 年 11 月公布并实施的《科学技术基本法》而制定实施的。该计划是在展望未来 10 年左右的科学技术状况的前提下，制定每 5 年中所应采取的具体政策计划。

到目前为止，日本已完成了第 1 期基本计划（1996～2000 年度）、第 2 期基本计划（2001～2005 年度）、第 3 期基本计划（2006～2010 年度）和第 4 期基本计划（2011～2015 年度），而第 5 期基本计划（2016～2020 年度）正在实施。

第 1 期基本计划明确了以推进应对社会、经济所需求的研究开发和振兴创造知识资产的基础研究为基本方向，还将政府研究开发投资总额的目标设定为约 17 万亿日元，并实现了超过目标的投资。

第 2 期基本计划明示了"能创造和利用知识并贡献于世界的国家""具有竞争力和可持续发展的国家""高质量并可安心、安全生活的国家"等三个基本理念。并将该期 5 年内的政府研究开发投资总额目标设定为约 24 万亿日元，致力于推进基础研究以及重点应对国家、社会问题的研究开发等，强化科学技术战略、深化科学技术系统改革。其结果虽然没有达到预期的 24 万亿日元的研究开发投资总额这一目标，但与其他政策经费相比，还是确保了较高的增长。

第 3 期基本计划明确指出了发展社会及国民支持的、富有成果的科学技术；培养人才和重视竞争环境——从物到人，对机构内个人的重视。在这两个基本姿态的基础上，又推出了"催生人类的睿智""创出国力的源泉""守护健康与安全"等三个基本理念，在三个基本理念之下确定了 6 个大目标及 12 个中目标。另外，政府研究开发投资总额的目标设定为约 25 万亿日元。

第 4 期基本计划明确提出，要设定政府研究开发投资的具体目标，加大对科学技术研究开发的投资。因此做出了官民研究开发投资提高 4%、政府研究开发投资提高 1%的政府支持。第 4 期基本计划实施期间，日本政府计划研究开发投资总额应达到 25 万亿日元。

第 5 期基本计划十分强调创新的价值。该计划提出要加大力度推进科技创新，加强学界、业界和政府决策者之间的沟通与合作，旨在将日本建设成为"世界上最适宜创新的国家"（王玲，2016）。为实现此目标，日本将放眼国际，积极应对经济社会发展面临的挑战，发现并发展以制造业为核心的新价值、新服务，加强科技创新的基础实力，构建人才、知识和资金的良性循环体系。

由此可以看出，日本高度重视安全问题，在历次的科学基本计划的基本理念中都将安全问题列在其中。

三、项目与经费

根据日本总务省 2019 年 12 月 13 日披露的最新科学技术研究调查结果，2018 年日本研发经费总额为 19.5260 万亿日元，相比 2017 年增加约2.5%。其中，用于自然科学的研发经费为 18.1235 万亿日元，相比 2017 年增加约 2.7%。此外，通过消除工资水平等价格水平的波动来计算实际研发经费（2015 年为基准），2018 年实际研发经费为 19.0901 万亿日元，相比 2017年增加约 1.1%，自然科学领域实际研发经费为 17.7198 万亿日元，同比增加1.3%（表 2-10）（日本总务省，2019a）。

表 2-10　2007～2018 年日本科学技术研发经费

年度	研发经费					实际研发经费			
	总额/亿日元	自然科学/亿日元	占比/%	对比前一年增长率（总额）/%	对比前一年增长率（自然科学）/%	总额/亿日元	自然科学/亿日元	对比前一年增长率（总额）/%	对比前一年增长率（自然科学）/%
2007	189 438	175 562	92.7	2.6	2.7	184 644	171 132	1.9	1.9
2008	188 001	174 078	92.6	−0.8	−0.8	182 992	169 304	−0.9	−1.1
2009	172 463	158 655	92.0	−8.3	−8.9	176 012	161 924	−3.8	−4.4
2010	171 100	157 423	92.0	−0.8	−0.8	173 151	159 332	−1.6	−1.6
2011	173 791	160 098	92.1	1.6	1.7	174 977	161 173	1.1	1.2
2012	173 246	159 477	92.1	−0.3	−0.4	176 043	162 001	0.6	0.5
2013	181 336	167 376	92.3	4.7	5.0	181 901	167 718	3.3	3.5
2014	189 713	175 772	92.7	4.6	5.0	187 301	173 368	3.0	3.4
2015	189 391	175 170	92.5	−0.2	−0.3	189 391	175 170	1.1	1.0
2016	184 326	170 334	92.4	−2.7	−2.8	185 694	171 726	−2.0	−2.0
2017	190 504	176 515	92.7	3.4	3.6	188 749	174 933	1.6	1.9
2018	195 260	181 235	92.8	2.5	2.7	190 901	177 198	1.1	1.3

2018 年，日本研发经费占国内生产总值（GDP）比重为约 3.56%，连续两年上升（表 2-11）（日本总务省，2019a）。

表 2-11　2007～2018 年日本科学技术研发经费占 GDP 比重

年度	研发经费/亿日元	GDP/亿日元*	研发经费占 GDP 比例/%
2007	189 438	5 309 973	3.57
2008	188 001	5 094 820	3.69
2009	172 463	4 919 570	3.51
2010	171 100	4 994 289	3.43
2011	173 791	4 940 425	3.52
2012	173 246	4 943 698	3.50
2013	181 336	5 072 552	3.57
2014	189 713	5 182 352	3.66
2015	189 391	5 327 860	3.55
2016	184 326	5 368 508	3.43
2017	190 504	5 475 860	3.48
2018	195 260	5 483 670	3.56

* 每个年度公布的 GDP 数据以最新公布的为准

2018 年，日本自然科学研发经费为 18.1235 万亿日元，其中基础研究经费为 2.7503 万亿日元（占比约 15.2%），应用研究经费为 3.7754 万亿日元（占比约 20.8%），开发研究经费为 11.5978 万亿日元（占比 64.0%）（表 2-12）（日本总务省，2019a）。

表 2-12　2007～2018 年日本自然科学研发经费（单位：亿日元）

年度	总额	基础研究费	应用研究费	开发研究费
2007	175 562	24 171	40 751	110 641
2008	174 078	23 927	40 652	109 499
2009	158 655	23 877	38 373	96 404
2010	157 423	23 104	36 381	97 937
2011	160 098	23 759	36 587	99 753
2012	159 477	24 107	36 056	99 314
2013	167 376	25 412	38 103	103 860
2014	175 772	26 032	38 166	111 574
2015	175 170	25 455	37 923	111 792
2016	170 334	25 912	35 331	109 091
2017	176 515	27 643	36 201	112 671
2018	181 235	27 503	37 754	115 978

第 3 期科学技术基本计划将生命科学、信息通信、环境、纳米技术/材料列为四大重点推广领域，其中用于生命科学研究的经费最多。2018 年，日本用于生命科学研究的经费达 3.1226 万亿日元，占比 16.0%，虽然比上一年有

所下降，但是占比仍最高（表 2-13）（日本总务省，2019b）。

表 2-13　2017~2018 年日本特定目的研究经费

类别	2018 年研究经费/ 亿日元	对比前一年/%	研究经费占总额的 比例/%	2017 年研究经费/ 亿日元
生命科学	31 226	−1.6	16.0	31 741
信息通信	24 670	9.9	12.6	22 448
环境	12 264	3.0	6.3	11 905
纳米技术/材料	11 310	0.9	5.8	11 210
能源	10 580	2.4	5.4	10 334
空间发展	2 521	−13.2	1.3	2 903
海洋发展	1 196	4.8	0.6	1 141

第三章

国内外生物安全相关科技进展

近年来，世界主要经济体纷纷加强生物科技领域战略布局，提出了一系列发展前沿生物科技、适应生物经济发展需要的科研规划和产业规划。英国生物技术与生物科学研究理事会（BBSRC）在《生物科学时代：2010—2015 战略计划》（*The Age of Bioscience，Strategic Plan 2010—2015*）中确定了三个优先研究领域——农业与食品安全、工业生物技术与生物能源、卫生基础生物科学，大力发展这三个领域的研究创新与合作（国务院，2016a）；欧盟"地平线 2020"计划在 2018～2020 年度工作方案中，针对生物技术和产品等主题部署了多个相关研究项目，如合成生物学标准化、新的环境修复生物技术等；我国也越来越重视生物产业领域的发展，在《"十三五"国家战略性新兴产业发展规划》中明确提出了要"加快生物产业创新发展步伐、培育生物经济新动力"，同时制定了一系列的相关规划（中国生物技术发展中心，2018）。

近年来，跨学科融合发展已成为趋势。得益于多学科交叉融合注入的新生命力，生物科学已超出传统的农业、食品、医药等领域，其研究成果惠及人类社会生活的多个方面，更是在人类认识生命、认识自身层面开启了一个全新的、更为深入的时代（Handelsman，2016）。继信息技术之后，生物技术日益成为新一轮科技革命和产业变革的核心，成为重塑未来经济社会发展格局的重要力量，其引领性、突破性、颠覆性特征也日渐凸显。

国内外生物安全相关的科技进展主要集中在基础研究、疫情防控技术、新型生物技术等领域。

第一节 基 础 研 究

在基因组学、宏基因组学等组学技术的支撑下，系统生物学研究正在向微生物和微生物群拓展，涵盖微生物群及其所有遗传和生理功能的微生物组开始被着重研究与开发。2016 年 5 月 13 日，美国白宫科技政策办公室宣布启动"国家微生物组计划"（National Microbiome Initiative，NMI）（陈方等，2018），该计划在 2012～2014 年的前期准备阶段就已投入 9.22 亿美元到微生物组科研中，政府和相关机构在计划启动后还将持续予以支持（Handelsman，2016）；

2017 年 10 月 12 日,中国科学院微生物研究所与世界微生物数据中心(World Data Centre for Microorganisms,WDCM)牵头发起了一项合作计划,在 5 年之内拟与 12 个国家的微生物资源保藏中心一道完成对 90%的已知细菌模式菌株的基因组测序,并建构微生物基因组、微生物组测序和功能挖掘合作网络,完成 1000 余个微生物组样本测序(中国科学院微生物研究所,2017);2017 年 12 月 20 日,中国科学院启动了"人体与环境健康的微生物组共性技术研究"和"中国科学院微生物组计划",计划整合了中国科学院生物物理研究所、中国科学院上海生命科学研究院等 14 家机构,将重点研究微生物组的功能和机理,拟实现微生物组研究的共性、关键技术的突破[①]。

基因组学技术近年来的进步得益于计算生物学研究的推进和大数据技术的发展,基因组研究也从"认识世界"向"改造世界"发展,开启了基因组编辑的新纪元。基因组测序的成本也不断降低,个人基因组测序服务走向商业化应用。2017 年,发表在 *Science* 期刊的一项研究发现了新的数据存储思路:研究人员在 DNA 寡核苷酸中存储了一个完整的计算机操作系统,外加电影和其他文件,共计 2.14×10^6 字节的数据,平均每克 DNA 存储了 215 千兆字节,并利用测序技术零错误地找回了这些文件(Erlich and Zielinski,2017)。随着 DNA 合成成本的不断下降,未来这种 DNA 数字存储技术有望引发数据存储革命。

基因测序技术及仪器的研发近年也在向高通量、高精度、低成本和便携性演进。2012 年,牛津纳米孔科技(Oxford Nanopore Technologies)公司推出了 MinION 便携式纳米孔测序仪。2015 年,西非埃博拉病毒疫情防控期间,MinION 完成了对埃博拉病毒的现场测序,这表明了其精确度的提升,也证实了纳米孔测序技术的应用潜力。随后,英国诺丁汉大学开发的 Read Until 测序技术实现了精确的选择性测序理念(Pennisi,2016);2017 年初,因美纳(Illumina)公司推出的 NovaSeq 新型测序仪有望将基因组测序的价格降至 100 美元。

2017 年和 2018 年,基础研究领域的重要进展有以下几方面。

[①]　中科院启动"微生物组计划". http://politics.gmw.cn/2017-12/20/content_27145816.htm[2019-4-22].

一、科学家成功解析 HIV 关键结构和成熟机制，有助于新疗法开发

2017 年 1 月 6 日，美国索尔克生物研究所的科学家在 *Science* 期刊发表的论文 *Cryo-EM Structures and Atomic Model of the HIV-1 Strand Transfer Complex Intasome* 中指出，他们对 HIV 中一个关键部分的原子结构进行了解析，并将其命名为整合体。科学家指出，这种整合体有助于 HIV 在人体内的复制，其研究结果可用于 HIV 治疗药物的开发（Passos et al.，2017）。该研究主要使用了单颗粒低温电子显微镜技术，可以对比较大的复杂动态分子进行图像捕捉。

2018 年 8 月 1 日，*Nature* 在线发表的一项研究 *Inositol Phosphates are Assembly Co-factors for HIV-1* 表明，Dick 等发现在 HIV-1 的未成熟发育和成熟发育阶段，肌醇六磷酸（IP6）在形成蛋白晶格结构的通路中起着关键作用（Dick et al.，2018）。当 HIV-1 病毒在细胞内发育时，IP6 有助于组装未成熟的晶格。这种未成熟的晶格在 HIV-1 病毒出芽后会被降解，并从细胞膜上切割下来。IP6 还促进一种成熟的蛋白晶格在 HIV-1 病毒颗粒内组装。这些研究结果为开发潜在的新疗法打开了大门。其中一种策略是开发或鉴定类似于 IP6 并结合到与 IP6 相同的位点上的药物，从而阻断 IP6 小分子并阻止 HIV-1 病毒成熟。

二、科学家开发出效率明显优于其他方法的新型全基因组扩增方法

2017 年 4 月 14 日，*Science* 期刊发表的研究论文 *Single-Cell Whole-Genome Analyses by Linear Amplification via Transposon Insertion*（LIANTI）显示，北京大学和美国哈佛大学的研究人员开发出了一种新型的全基因组扩增方法，这种方法优于当前使用的其他基因组扩增方法（Chen et al.，2017）。

这项研究中，研究人员开发的新工具名为通过插入转座子来实现线性扩增（Linear Amplification via Transposon Insertion，LIANTI）。该工具有千个碱基的分辨率。LIANTI 能够通过利用研究者所设计的转座子来破碎细胞遗传

物质。转座子就是一种特殊的 DNA 片段，能够改变在基因组中的位点。这种新型工具有 19 个碱基对长的转座子结合位点以及单链的 T7 启动子环状结构，转座子能够为该工具携带特殊的启动子，而启动子就能够用来对下游的 DNA 进行扩增，从而产生出用于测序的文库。研究者将人类细胞暴露于紫外线下检测了这种新型技术的作用机制，随后对细胞所发生的改变进行了测定。这种新方法对基因组的覆盖率能够达到 97%，这要比其他技术覆盖率高很多。

三、科学家利用高通量方法分析上千种设计蛋白

2017 年 7 月 14 日，*Science* 期刊发表的一项研究 *Global Analysis of Protein Folding Using Massively Parallel Design，Synthesis，and Testing* 显示，美国华盛顿大学和加拿大多伦多大学的研究人员报道了一种新的高通量方法，使得对计算设计蛋白（computationally designed protein，即利用计算方法设计蛋白）的折叠稳定性进行最大规模的测试成为可能（Rocklin et al.，2017）。

在这项研究中，研究人员测试了 15 000 多种新设计的在自然中不存在的微型蛋白（mini-protein）以便观察它们是否形成折叠结构。过去几年的主要蛋白设计研究总共探究了仅 50～100 种设计蛋白。新的测试方法已使人们设计出了 2788 种稳定的蛋白结构，它们可能具有很多生物工程和合成生物学应用价值。

四、瑞士科学家发现病毒感染引发自身免疫疾病的机制

2017 年 1 月 24 日，*PNAS* 期刊发表的一项研究 *Cocapture of Cognate and Bystander Antigens Can Activate Autoreactive B Cells* 显示，瑞士巴塞尔大学研究人员研究发现，B 细胞直接与病毒感染的细胞相互作用引发了连锁反应（Sanderson et al.，2017）。

研究人员培养了表达髓鞘少突胶质细胞糖蛋白（MOG，带有 GFP 标记）和流感血凝素（HA）的细胞，然后引入特异识别 MOG 或 HA 的转基因 B 细

胞。MOG 是一种自身抗原，而 HA 是一种病毒抗原。研究发现，无论 HA 是否存在，识别 MOG 的转基因 B 细胞都能捕获 GFP 标记的 MOG。当 HA 存在时，识别 HA 的转基因 B 细胞也捕获 GFP 标记的 MOG。因此，专门捕获 HA 的 B 细胞也能够捕获自身抗原 MOG。

五、美国科学家开发出便携、低成本的单细胞 RNA 测序新手段

2017 年 6 月 29 日，*Nature Methods* 期刊发表的一项研究 *Seq-Well: Portable，Low-Cost RNA Sequencing of Single Cells at High Throughput* 显示，美国麻省理工学院研究人员已经开发出一种便携式技术，可以快速对多种细胞的 RNA 同时进行测序（Gierahn et al.，2017）。新的技术被称为 Seq-Well，可以让科学家在组织样本中更容易识别不同类型的细胞，帮助他们研究免疫细胞如何对抗感染和癌细胞、对治疗的反应以及其他的应用。

在这项研究中，研究人员建立了捕捉单个细胞的纳米隔间阵列，用有条码的磁珠捕获 RNA 片段。每个纳米隔间用半透膜封闭，允许化学信号通过。当 RNA 结合到磁珠上后，将其移除并测序。这个过程中，每个单元格的成本低于 1 美元。

六、美国科学家开发出新的单细胞分析新技术

2017 年 7 月 31 日，美国纽约基因组中心的科学家开发出了一种单细胞分析新技术，称为细胞转录组和表位抗原通过测序的索引（Cellular Indexing of Transcriptomes and Epitopes by sequencing，CITE-seq）。该技术是在单细胞 RNA 测序方面向前迈出的重要一步，推进了为了解单个细胞的基因组学领域的发展，使在单个细胞水平上区分不同类型的细胞和研究疾病的机制成为可能。

CITE-seq 是将成千上万个单细胞上的表面蛋白标记的检测结果和同时对同样的单细胞信使 RNA 的测序进行配对。纽约基因组中心的研究人员利用 CITE-seq 监测了 13 个细胞表面蛋白和 8005 个单细胞的转录组，这是至

今规模最大的多维度单细胞分析。

七、科学家们开发出更精准、更高通量的分析基因新方法

2017 年 8 月 10 日，*Cell* 期刊上发表的一项研究 *Dual ifgMosaic: a Versatile Method for Multispectral and Combinatorial Mosaic Gene-Function Analysis* 显示，西班牙卡洛斯三世心血管研究中心的科学家找到一种新方法来产生和研究基因嵌合体（Pontes-Quero et al.，2017）。在这些基因嵌合体中，相同组织可以含有不同的已知基因型的细胞群，从而研究这些基因型在细胞行为中的差异。该新方法将允许任何研究人员在脊椎动物模型中诱导多谱系基因嵌合体，如小鼠和斑马鱼。

这项技术将有助于提高对基因在发育和疾病中各个时空分辨率的功能和相互作用的理解。研究基因功能方法的改进将使研究人员能够增进了解基因组如何构成人体，理解基因相互作用网络的知识，对设计出修改或纠正疾病相关基因活性的有效治疗策略至关重要。

八、美国科学家首次从结构上揭示细菌细胞器如何组装

2017 年 6 月 23 日，*Science* 期刊上发表的一项研究 *Assembly Principles and Structure of a 6.5-MDa Bacterial Microcompartment Shell* 显示，美国能源部劳伦斯伯克利国家实验室和密歇根州立大学的研究人员展示了赭黄嗜盐囊菌（*Haliangium ochraceum*）完整壳的晶体结构，提供了有史以来最清晰的完整图片，揭示了细菌微区室（bacterial microcompartments，BMC）结构的基本原理（Sutter et al.，2017）。赭黄嗜盐囊菌是一种生活在海洋中的黏细菌。这种完整的结构图可以为抵抗致病菌或出于其他有益目的对细菌细胞器进行生物修饰提供重要信息。

九、美国科学家从结构上揭示 Dicer 酶消灭病毒新机制

2017 年 12 月 21 日，*Science* 期刊上发表的一项研究 *Dicer Uses Distinct*

Modules for Recognizing dsRNA Termini 显示，美国犹他大学的研究人员通过可视化技术观察到将病毒的遗传物质切割成碎片的一种微小的细胞机器Dicer。研究人员利用冷冻电子显微镜（cryo-Electron Microscopy，cryo-EM）技术极速冻存和分析 Dicer，展示了 Dicer 如何检测这些入侵的病毒，并对它们进行加工使其遭到破坏，从而保护细胞，阻止感染传播（Sinha et al.，2017）。

十、科学家揭示人体最为常见的 DNA 突变如何发生

鸟嘌呤-胸腺嘧啶（G-T）突变是人类 DNA 中唯一最为常见的突变。人类基因组含有 30 亿个碱基对，在每 10 000～100 000 个碱基对中，这种突变就出现一次。科学家们想要理解突变是如何发生的，以便更好地理解由它们引起的很多疾病，如癌症。2018 年 1 月 31 日，*Nature* 上刊登了一项研究结果 *Dynamic Basis for dG·dT Misincorporation via Tautomerization and Ionization*。来自俄亥俄州立大学的研究人员发现，G 和 T 这两个通常不匹配的碱基偶然形成氢键时，起初匹配得并不是很好，会在 DNA 螺旋上突出来。正常情形下，用于复制 DNA 的酶很容易检测到它们并进行修复。但是有时，在被检测出来之前，它们就改变形状，就好像是这两个碱基彼此间进行"修复"一样，在 DNA 螺旋"梯子"上形成一个不显眼的横档，能够像正常的碱基对那样配对并逃避 DNA 修复机制（Kimsey et al.，2018）。这项新的研究提供了重要的信息，以便人们能够在这个领域继续向前取得新的进展。

十一、科学家发现通过构建人类免疫细胞图谱，可以确定遗传变异对基因表达的影响。

2018 年 11 月 15 日，*Cell* 期刊上发布的研究报告 *Impact of Genetic Polymorphisms on Human Immune Cell Gene Expression* 中，为了确定遗传变异对免疫系统的影响，美国的研究人员构建了 15 种类型免疫细胞的基因活性谱，这些类型的免疫细胞是在 91 名健康供者的血液中发现的最为丰富的细胞类型。研究人员对 1500 多个样本进行了测序和分析，通过数据筛选，他们发现了免疫系统的一些特征。比如，特定类型的免疫细胞中的基因活性

在男性和女性之间存在显著差异；在一种细胞类型中，遗传变异通常会影响附近基因的表达。这些独特差异在使用全血时可能不会发现（Schmiedel et al.，2018）。

该项研究结果揭示了遗传变异对免疫系统中基因活性的深远影响。对于 12 000 多个基因而言，天然存在的遗传变异与某些细胞类型中基因活性的显著差异相关。这些大量的数据对破译这种自然遗传变异如何影响免疫系统保护人类健康的能力至关重要。

第二节　疫情防控技术

全球在疫情防控方面面临着诸多严峻挑战。例如，旧传染病的持续存在、一度受到控制的传染病死灰复燃、新传染病不断出现、已知病原体的耐药性急剧增加等。社会发展和科技进步对传染病的防治提出了更高的要求。研究人员不断加强对传染病的研究，近两年在传染病防治方面取得了重要突破。

在病毒结构研究方面：杜克-新加坡国立大学医学院（Duke-NUS Medical School）研究人员揭示了寨卡病毒的高分辨率低温电子显微结构，发现寨卡病毒要比登革病毒具有更大的热稳定性和适应性；英国科学家和美国科学家通力合作，编绘出了世界上第一份蝙蝠病毒传染人类风险图谱。在病毒感染机制研究方面：巴西研究人员进一步证实了寨卡病毒对人的神经干细胞、神经球和大脑类器官（brain organoids）产生的有害影响；中国科学院微生物研究所施一团队和中国科学院院士高福团队在揭示寨卡病毒致病机制方面取得了重大进展。在传染病防治方面：美国国立卫生研究院和法国制药公司赛诺菲的研究人员在实验室制造出了一种三特异性抗体（three-pronged antibody，trispecific antibody）有望阻止 HIV 感染；美国得克萨斯大学医学分部研究人员发现了一种可帮助非人灵长类动物抵御马尔堡病毒（Marburg and Ravn viruses）和拉夫病毒的人体单克隆抗体；美国科罗拉多州立大学的研究人员开发了一种低成本快速检测寨卡病毒的方法；2017 年 10 月，麻风疫苗 LepVax 正式进入人体 I 期临床研究；澳、美、英等国的研究院开发了一种新的尿液测试方法，可在 12 个小时内诊断结核病；中国科学家在猴体内发现抑制寨卡病毒感染的小分子；2016 年，世界卫生组织开始推荐第一支用于预防登革热的疫苗；2019 年，世界卫生组织在马拉维共和国启动首个疟疾疫苗试点行动计划。

2017 年和 2018 年疫情防控技术领域的重要进展有以下几方面。

一、美国科学家开发有望阻止 HIV 感染的三特异性抗体

2017 年 10 月 6 日，*Science* 期刊发表的一项研究 *Trispecific Broadly Neutralizing HIV Antibodies Mediate Potent SHIV Protection in Macaques* 显示，美国国立卫生研究院和法国制药公司赛诺菲的研究人员在实验室制造出了一种三特异性抗体，该抗体比用来制造这种三特异性抗体的单一天然抗体能更好地让猕猴免受两种人猴嵌合免疫缺陷病毒（SHIV）菌株的感染（Xu et al.，2017）。

这种新的广发中和抗体可结合到 HIV 的三个不同的关键位点上，这种三特异性抗体的三种 HIV 结合片段源自三种天然的抗体，而每种天然的抗体都可强效地中和很多 HIV 毒株。这些天然抗体此前由美国国家过敏与传染病研究所（NIAID）和国际艾滋病疫苗促进会中和抗体联盟（IAVI Neutralizing Antibody Consortium）的科学家们从 HIV 感染者体内分离出。

二、新的尿液测试方法可用于诊断结核病

2017 年 12 月 13 日，*Science Translational Medicine* 期刊上发表的一项研究 *Urine Lipoarabinomannan Glycan in HIV-Negative Patients with Pulmonary Tuberculosis Correlates with Disease Severity* 显示，研究人员据外表面聚糖脂阿拉伯甘露聚糖（LAM）抗原在活动性结合期间流入尿液原理开发出了一种新的尿液测试结核病的方法（Paris et al.，2017）。早先的尿液测试方法无法对 HIV 阴性患者筛查结核病，而世界上 85%的结核病患者都呈 HIV 阴性。该技术成功克服了此难题，对 HIV 阴性患者的肺结核筛查、传播控制和治疗管理具有广泛的意义。

三、科学家在猴体中发现抑制病毒感染的 25-羟基胆固醇

2017 年 3 月 14 日，*Immunity* 期刊发表的一篇文献 *25-Hydroxycholesterol Protects Host Against Zika Virus Infection and Its Associated Microcephaly in a Mouse Model* 中，以中国科学家主导的研究揭示了 25-羟基胆固醇在宿主抵御寨卡病毒过程中起着关键作用，文章采用了多种体外和体内模型的综合方法来研究 25-羟基胆固醇对寨卡病毒感染及其相关小头畸形的疗效，发现 25-羟基胆固醇能够抑制寨卡病毒和其他黄病毒的感染，包括登革病毒、黄热病毒和西尼罗病毒（WNV）。小鼠或猴子感染寨卡病毒之前或之后，用 25-羟基胆固醇治疗都显著降低了小鼠的发病率和死亡率，并显著减轻了猴子的病毒血症（Li et al.，2017a）。这一发现为攻克人类寨卡病毒感染提供了新方法、新契机。

四、美国研究人员发现一种单克隆抗体能抵御两种病毒

2017 年 4 月 5 日，发表在 *Science Translational Medicine* 期刊的一项研究 *Therapeutic Treatment of Marburg and Ravn Virus Infection in Nonhuman Primates with a Human Monoclonal Antibody* 显示，美国得克萨斯大学医学分部研究人员发现了一种人体单克隆抗体 MR191-N，可以帮助非人灵长类动物抵御马尔堡病毒和拉夫病毒所引起的致命性出血热（Mire et al.，2017）。

研究发现，该抗体可防止豚鼠和非人灵长类动物因感染马尔堡病毒和拉夫病毒而死亡。MR191-N 是先前从一名感染马尔堡病毒的幸存者血清中分离出的抗体。研究证明，在感染后第 4 天和第 7 天得到两剂 MR191-N 治疗的非人灵长类动物能清除其体内的病毒，并能百分之百地存活下来，但对照组的动物则因感染全部死亡。研究人员表示，如果要将 MR191-N 用于临床，还需要进行更多的药理学和毒理学测试来进一步检测这一抗体的作用。

五、美国科学家开发出一种低成本的寨卡病毒快速检测方法

2017 年 5 月 3 日，*Science Translational Medicine* 期刊上发表的一项研究 *Rapid and Specific Detection of Asian- and African-Lineage Zika Viruses* 显示，美国科罗拉多州立大学的研究人员研发出了一种通过捕获和检测蚊子来监测寨卡病毒的新技术，称为环介导等温扩增（loop-mediated isothermal amplification，LAMP）（Chotiwan et al., 2017）。这一技术具有快速、高敏感性和低成本的特点，而且还可以区分寨卡病毒的非洲株和亚洲株，可更有效地追踪寨卡病毒的传播，便于现场监控疫情。

该检验方法能直接从蚊子体内及几种不同类型的未经加工的临床样本（包括人的血液、唾液和精液）中检测到寨卡病毒。LAMP 可以放大寨卡病毒的基因组，因此这种方法的敏感性堪比目前检测法的黄金标准逆转录聚合酶链式反应（qRT-PCR）。但是与 qRT-PCR 不同，LAMP 并不需要昂贵的试剂。更重要的是，LAMP 不会因为与寨卡病毒密切相关的病原体（如登革病毒和基孔肯亚病毒）而产生假阳性。

六、复旦大学研究者发现对抗寨卡病毒的潜在治疗方案

2017 年 7 月 25 日，*Nature Communications* 期刊发表的一项研究 *A Peptide-Based Viral Inactivator Inhibits Zika Virus Infection in Pregnant Mice and Fetuses* 显示，来自中国的研究人员设计了一种多肽类病毒灭活剂（命名为 Z2），Z2 可与寨卡病毒表面蛋白相互作用并破坏病毒膜的完整性，从而在体外实现有效抑制寨卡病毒感染（Yu et al., 2017）。Z2 可以穿透胎盘屏障进入胎儿组织，被安全地、无副作用地用于怀孕小鼠的治疗。此研究有可能进一步发展，为感染寨卡病毒的高危人群特别是孕妇群体提供安全的抗病毒治疗。

七、英国研究人员开发新技术预测超级细菌是否会致命

2017 年 8 月 7 日，*Nature Microbiology* 期刊上发表的一项研究 *Clonal*

Differences in Staphylococcus Aureus Bacteraemia-Associated Mortality 显示，英国巴斯大学的研究人员开发出一种技术。该技术通过对耐甲氧西林金黄色葡萄球菌（MRSA）进行测序，可准确预测个体感染后的生存机会（Recker et al.，2017）。

研究人员分析了 300 名败血症患者的血液样本，研究不同 MRSA 菌株的表现，并评估其致死率。为了研究细菌在这个过程中的作用，研究人员对患者身上分离出的 MRSA 菌株进行了测序。研究人员还鉴定和验证了一些基因座，这些基因座影响细菌的溶细胞毒性和生物膜信息的表达。之后，研究人员将这些信息与每位患者的风险因素相关联，具体包括年龄、是否存在其他疾病等，随后观察患者在感染 30 天后是否仍然存活。如果患者不幸死亡，研究人员则分辨 MRSA 是否促进了其死亡。将这些信息配对，研究人员能够高度精准地预测个体在感染 MRSA 后的存活可能性。

八、美国麻风疫苗 LepVax 正式进入人体 I 期临床研究

2017 年 10 月 12 日，美国麻风协会（ALM）和美国传染病研究中心（IDRI）宣布，麻风疫苗 LepVax 正式进入人体 I 期临床研究。该疫苗是美国国家汉森氏病计划（NHDP）和美国国家过敏与传染病研究所合作的整体开发战略中的一部分。LepVax 的开发计划旨在通过有效疫苗的使用，结合改善的检测、预防和治疗手段，阻止麻风分枝杆菌的传播。

LepVax 是首个专门为预防麻风病而设计的疗法，利用了分子生物学和免疫学领域的最先进的技术。在临床前研究阶段，LepVax 展现出极大的潜力，不仅可作为预防性措施，还可在感染发生之后以其强大的保护作用作为保护性措施。

九、中国科学院上海生命科学研究院植物生理生态研究所等在阻断疟疾传播研究中取得重要进展

2017 年 9 月 29 日，发表在 *Science* 期刊上的一则文献 *Driving Mosquito Refractoriness to Plasmodium falciparum with Engineered Symbiotic Bacteria* 显

示，来自中国科学院上海生命科学研究院植物生理生态研究所和美国约翰·霍普金斯大学彭博公共卫生学院的疟疾研究所的两支科研团队合作，从按蚊卵巢分离出了沙雷菌（AS1）菌株，将其稳定地定殖于蚊子中肠、雌性卵巢和雄性附属腺体中，发现其不仅可以不受种群限制迅速在蚊群中横向传播开来，还可以在蚊群中实现持续的纵向跨代传播。且 AS1 经基因工程后可分泌抗疟原虫效应蛋白，可有效抑制蚊子中恶性疟原虫的发展。这一发现使得从源头上遏制疟疾成为可能。研究团队还构建出高效分泌表达 5 种不同抗疟机制的效应蛋白工程菌株，为防治其他由蚊子传播的疾病提供了新的方法（Wang et al.，2017）。

十、我国科学家在抗病毒免疫研究方面取得重大进展

2017 年 6 月 21 日，中国科学院武汉病毒研究所与军事医学科学院微生物流行病研究所研究人员在 *Immunity* 期刊上发表了一项研究 *Human Virus-Derived Small RNAs Can Confer Antiviral Immunity in Mammals*。研究结果证实，RNA 干扰（RNAi）不仅能在植物和无脊椎动物中起到有效的抗病毒免疫作用，还能在哺乳动物中起到抗病毒免疫的作用（Qiu et al.，2017）。该研究有助于加强对哺乳动物抗病毒免疫机制的认识，并为后续研究奠定了基础。

十一、美国科学家发现 HIV 的基因组或许是抗体产生的关键性决定因素

2018 年 9 月 10 日，*Nature* 在线发表的一篇论文 *Tracing HIV-1 Strains that Imprint Broadly Neutralizing Antibody Responses* 中，美国的研究人员发现，HIV 的基因组或许是抗体产生的关键性决定因素（Kouyos et al.，2018）。研究人员对用于瑞士 HIV 队列研究和苏黎世 HIV 初级感染研究中的大约 4500 名 HIV 感染者的血液样本和相关数据进行分析。最终研究人员发现了 303 组潜在的传播对（transmission pairs），即一对患者机体中拥有类似的病毒基因组 RNA 信息，这也就表明这两名患者可能感染了同一病毒株。研究

人员对这些患者机体中的免疫反应进行对比之后发现，HIV 病毒本身或许对感染者抗体反应的程度和特异性存在一定影响。研究人员认为，为了能够开发出抵御 HIV-1 的有效疫苗，就必须寻找到特殊的包膜蛋白以及能促进产生广谱中和性抗体的特殊 HIV 毒株。研究人员已经发现了一个候选者，他们计划在此基础上扩大搜索范围，计划开发出一种特殊的免疫原，以便后续能够更好地开发出高效的 HIV 疫苗。

十二、科学家发现细菌在不接触抗生素的情况下也会产生抗生素耐药性

抗生素耐药性是一种全球性的公共健康威胁，这与人群抗生素过度使用直接相关。2018 年 11 月 6 日，发表在 *Science* 上的一篇研究报告 *Heterogeneity in Efflux Pump Expression Predisposes Antibiotic-Resistant Cells to Mutation* 中，美国科学家研究发现，在并没有暴露在抗生素的条件下，细菌也会产生抗生素耐药性（EI Meouche and Dunlop，2018）。

研究人员对细菌进行遗传工程化操作使其表达不同水平的外排泵，然后观察这些外排泵表达、DNA 修复酶、MutS 蛋白以及细菌细胞生长率之间的关系。研究结果表明，细菌外排泵与 MutS 蛋白的表达之间或存在一种负相关关联，即细菌决定使用的外排泵越多，细胞中 MutS 蛋白的表达量越少。研究者阐明了细菌所利用的短期生存技术与长期药物耐受性之间的关联。细菌细胞的外排泵对于抗生素耐药性的产生至关重要，拥有很多外排泵的细菌不仅能够固有表现出对抗生素较强的耐受性，而且其还会发生突变来获得高水平的抗生素耐药性，外排泵的表达或许就是细菌产生抗生素耐药性的基石。这或为未来开发新型疗法来遏制细菌抗生素耐药性提供新的思路和希望。

十三、美国科学家开发出经济便携式 HIV 诊断监测设备

2018 年 10 月 16 日，Draz 等（2018）在 *Nature Communication* 上发表 *DNA Engineered Micromotors Powered by Metal Nanoparticles for Motion Based Cellphone Diagnostics*。该研究团队利用纳米技术、微芯片、手

机和三维打印的手机附件，开发出一种经济的便携式移动诊断设备用于测试和监测 HIV-1。这种设备通过在手机上监测经过 DNA 修饰的聚苯乙烯珠的运动就可检测经过 LAMP 得到的 HIV-1 RNA 核酸，并且样本只需要一滴血就可以检测。研究人员发现，在一小时内，当临床相关阈值为每毫升 1000 个病毒颗粒时，这种设备检测 HIV-1 的特异性为 99.1%，灵敏度为 94.6%。值得注意的是，这种诊断平台十分经济，每次测试时，总材料成本低于 5 美元。

第三节　新型生物技术

新兴和新型生物技术崛起，在生物安全领域的应用值得关注。国际社会主要关注合成生物技术、脑机接口技术、太空生物学、基因组编辑技术等方面，尤其合成生物技术和基因组编辑技术在当下依然是研究热点。

一、合成生物技术

2000 年，*Nature* 期刊发表的一项研究通过组合大肠杆菌细胞内的基因，创建了带有遗传切换开关和生物钟的合成生物线路，至此合成生物技术开始引起广泛关注。关于合成生物技术的定义尚有争议，其中一个较为普遍的阐释是对生物体进行有目标的设计、改造甚至重新合成的技术。合成生物是一个较为新兴的研究方向（王璞玥等，2018），它可以促进生命科学、医药健康等多个领域研发颠覆性技术，推进了人类认识自然、利用自然和改造自然的进程。2014 年，中外科学家完成了 5 条酵母染色体的化学合成，这意味着人工设计定制酵母生命体成为可能，并将在工业生产和制药方面发挥巨大作用；2016 年，美国克雷格·文特尔研究所合成了最小功能细菌基因组，这种人工细菌能够代谢营养物质并进行分裂和增殖；2017 年，美国斯克里普斯研究学院通过优化人工碱基等途径制造出了"稳定"的半合成有机体（林小春，2017）。这一系列的突破与进展都彰显了合成生物技术的巨大创新潜力。

但同时，合成生物技术的快速发展也伴随着生物安全和伦理问题出现，应对此予以足够的重视和监管。

2017 年，合成生物技术领域的重要进展有以下几方面。

（一）科学家合成可在大肠杆菌中正常复制的碱基对

2017 年 2 月 7 日，发表在 *PNAS* 期刊上的一项研究 *A Semisynthetic Organism Engineered for the Stable Expansion of the Genetic Alphabet* 显示，美国斯克里普斯研究所化学部的研究人员首次在大肠杆菌的 DNA 中插入了人工合成碱基对，且未对大肠杆菌的生长和复制造成影响（Zhang et al.，2017a）。这一技术的突破有助于在未来人工合成特定生物组织。

（二）中国科学家人工合成 4 条酵母染色体

2017 年 3 月 10 日，*Science* 期刊发表的研究 *Engineering the Ribosomal DNA in a Megabase Synthetic Chromosome* 显示，中国科学家基于酿酒酵母中的天然染色体 XII 设计并合成了全长为 976 067 个碱基的线性染色体 synXII（Zhang et al.，2017b），对农业、生物医药、环境环保和能源等多个领域产生了深远影响。

在合成染色体的过程中，中国科学家成功攻克了合成型基因组引起的细胞生长缺陷这一最大挑战。在随后的一系列研究中，科研人员还开发了精准控制基因组重排的方法，构建了一系列产物的生物合成路径，将生物合成的研究从原核生物拓展到了真核生物领域，为人工合成生命这一命题从基础研究走向应用研究开辟了一条新道路。

（三）日本研究团队首次人工合成轮状病毒

2017 年 2 月 28 日，日本大阪大学研究团队在 *PNAS* 上发表的研究 *Entirely Plasmid-Based Reverse Genetics System for Rotaviruses* 显示，首次人工合成了引发婴幼儿严重腹泻的轮状病毒（RV）（Kanai et al.，2017）。

此前，由于缺乏完全基于质粒的反向遗传学系统，轮状病毒的复制和发病机制并没有得到充分的理解。该研究的研究人员成功开发了一种完全基于质粒的轮状病毒反向遗传系统，合成了轮状病毒，为减毒轮状病毒疫苗和轮状病毒治疗方法的开发提供了机会。

（四）英国科学家首次合成人造小鼠胚胎

2017 年 3 月 2 日，英国剑桥大学科学家发表在 *Science* 上的研究 *Assembly of Embryonic and Extraembryonic Stem Cells to Mimic Embryogenesis In Vitro* 表明，首次在体外合成了人造小鼠胚胎（Harrison et al.，2017）。

通过使用转基因干细胞和特异性抑制剂，研究人员诱导胚胎干细胞和滋养层干细胞发育为类胚胎（ETS 胚胎）。ETS 胚胎的发育依赖于 Nodal 信号的交联（crosstalk），诱导中胚层和原始生殖细胞标记基因的表达以响应 Wnt 和 BMP 信号。研究小组表示，与正常发育的胚胎相比，人造胚胎的发展遵循同样的发育模式。不过，虽然这种人造胚胎酷似真实的胚胎，但它不太可能进一步发育成为一个健康的胎儿。

（五）中国科学家人工合成杆状病毒

2017 年 4 月 6 日，*ACS Synthetic Biology* 期刊发表的一项研究 *Construction and Rescue of a Functional Synthetic Baculovirus* 显示，中国科学院武汉病毒研究所研究人员联合运用聚合酶链式反应（PCR）及酵母转化相关的同源重组（transformation associated recombination，TAR）技术，首次合成了基于苜蓿银纹夜蛾核型多角体病毒（AcMNPV）的杆状病毒，还通过转染昆虫细胞挽救了 AcMNPV 基因组的生物活性（Shang et al.，2017）。

研究人员首先利用 PCR 扩增覆盖 AcMNPV 全基因的约 45 个片段，每个片段约 3000 个碱基对、相邻片段之间有大于 60 000 个碱基对的重叠序列。然后利用 TAR 技术，在酵母细胞内进行了三次重组，依次获得了 9 个约 15 000 个碱基对的片段、3 个约 45 000 个碱基对的片段和全基因组（145 299 个碱基对），随后将合成的病毒基因组进行了 454 测序验证。电镜、一步生长曲线和生物测定等结果表明，合成病毒与亲本病毒具有相似的生物学特性。

（六）中国科学家利用生物合成技术获得强效抗结核活性的抗生素

2017 年 8 月 30 日，*Nature Communications* 期刊发表的一项研究

Biosynthesis of Ilamycins Featuring Unusual Building Blocks and Engineered Production of Enhanced Anti-Tuberculosis Agents 显示，中国科学院南海海洋研究所、中国科学院广州生物医药与健康研究院和广东医科大学研究人员合作研究，从深海链霉菌中分离出了抗分枝杆菌的怡莱霉素同系物，并通过生物合成技术改造出了具有强抗结核活性的怡莱霉素 E。其对结核分枝杆菌 H37Rv 的最小抑制浓度值约为 9.8 纳摩尔每升（Ma et al.，2017a）。

怡莱霉素 E 对乳腺癌等肿瘤细胞也显示出一定抑制活性，但对正常细胞的毒性较低，在抗结核活性和细胞毒性之间的选择性指数为 400～1500，显示出较好的安全性，具有成药潜力。该研究阐明了海洋微生物复杂活性代谢产物怡莱霉素的生物合成机制，并获得了具有更好活性和低毒性的抗结核活性化合物，为新型抗结核药物的进一步开发提供了化学实体。

（七）美国研究发现半合成生物体能生成非天然蛋白质

2017 年 11 月 29 日，*Nature* 网站上发布的一则新闻 *"Alien" DNA Makes Proteins in Living Cells for the First Time* 显示，美国斯克里普斯研究所的科学家们将人工合成的、自然界中不存在的 X-Y 碱基对纳入大肠杆菌的 DNA 中，成功创造出了首个包含 A、T、G、C、X、Y 6 种碱基的半合成生物体，证明了非天然碱基可在活细胞内制造蛋白质（Callaway，2017）。

合成生物学的核心目标是创造新的生命形式和功能，实现这一目标的最一般途径就是创造半合成生物体。该研究产生的半合成有机体既可以编码和检索增加的信息，也可以作为创造新生命形式和功能的平台。同时该研究也有助于进一步创造新型疗法和其他材料。

（八）萜类化合物生物合成研究取得进展

2017 年 11 月，*Metabolic Engineering* 期刊发表的一项研究 *Balanced Activation of IspG and IspH to Eliminate MEP Intermediate Accumulation and Improve Isoprenoids Production in Escherichia coli* 显示，中国科学院研究团队在萜类化合物通用前体合成途径改造方面取得了新进展，首次确定 4-羟基-3-甲基-2-丁烯基焦磷酸盐（HMBPP）是甲羟戊酸途径（MEP）中的细胞毒性中间体，其积累可显著影响细胞生长和类异戊二烯产生（Li et al.，

2017b）。

MEP 是萜类化合物通用的前体合成途径之一，为大肠杆菌自身含有。该研究发现激活菌株 CAR005 中的关键酶 IspG 可导致 HMBPP 的积累，而下游酶 IspH 的进一步活化可以消除 HMBPP 的积累并恢复细胞生长和 β-胡萝卜素的产生。研究对 IspG 和 IspH 的平衡活化抑制了 HMBPP 的积累，β-胡萝卜素和番茄红素的产量分别比起始菌株增加了约 73% 和 77%。

（九）科学家们合成出一种全新的万古霉素

2017 年 5 月 30 日，*PNAS* 期刊发表的一项研究显示，美国斯克里普斯研究所的化学家 Dale Boger 团队合成出一款全新的抗生素万古霉素 3.0，对 D-丙氨酸和 D-乳酸结束的多肽均有结合活性（Okano et al.，2017）。

很显然，这位加入致病细菌最后一道防线的新战士是万古霉素的升级版。万古霉素是一种治疗高危感染的传统抗生素，自 1958 年就已经投入使用。但是，随着细菌耐药性的发展，万古霉素的威力越来越弱。万古霉素 3.0 是万古霉素的升级版，可成为对抗耐药菌的强大新武器。研究表明，新抗生素对耐万古霉素肠球菌（VRE）和耐万古霉素金黄色葡萄球菌（VRSA）等微生物的杀菌性至少提高了 2.5 万倍。此外，研究小组以万古霉素抗性细菌进行测试时，在 50 轮之后，微生物没有产生抗药性。

（十）美国科学家开发出首个合成蛋白质封装体

2017 年 12 月 14 日，*Nature* 期刊发表的一项研究 *Evolution of a Designed Protein Assembly Encapsulating Its Own RNA Genome* 显示，美国华盛顿大学研究者成功开发了首个合成蛋白质封装体，它能够封装自己的遗传物质，并在复杂的环境中表现出新的特性（Butterfield et al.，2017）。该研究的目的是寻找新的方法替代病毒来运输治疗药物到达特定细胞。研究中的合成蛋白质封装体是计算设计的，在自然条件下并不存在。该蛋白质封装体（核衣壳——基因组容器）在合成生命研究中是开创性的，是第一个将自己的遗传物质封装并发展新特征的全合成装配体。这种人造核衣壳类似于病毒壳，可以保护和运送药物。与活体病毒不同，这些合成遗传载体不能自我复制繁殖，但其基因组封装效率可与病毒相媲美，且工程操作更简单易行。

计算设计与生物进化的结合为新生物功能的开发提供了机会。研究人员将生物医学应用所需的复杂特性引入这些蛋白质封装体中，包括 RNA 封装能力的提高、对血液的抗性增强、在活体小鼠循环系统中停留时间的延长等。这种性能的改善依赖于衣壳特定区域的变化。最初的封装来自重新设计内部结构以静电捕获 RNA。之后，研究者继续进化内部结构以更好地促进 RNA 封装，增加对血液中 RNA 降解酶和其他降解物质的保护，升级外部结构以增加在活体小鼠中的循环时间。接下来的研究工作将继续进行组合设计和进化，优化在复杂环境中蛋白质封装体的功能，如活组织中的蛋白质封装，最终实现向动物体特定细胞运输治疗性药物的目标。

二、基因组编辑技术

近年来，基因组编辑技术以可观的速度得到了不断发展，其精确性越来越高、应用范围也越来越广阔。多伦多大学和马萨诸塞大学的科学家们首次发现 CRISPR-Cas9 的"关闭开关"；美国哈佛大学开发了基于 CRISPR-Cas9 的单碱基编辑器，实现了对单碱基的精准编辑；加利福尼亚大学圣迭戈分校首次实现了 RNA 编辑；美国马萨诸塞州总医院（MGH）通过减少 Cas9 酶与靶 DNA 的非特异性互作降低了脱靶效应；美国索尔克生物研究所成功对非分裂细胞（如胰腺、眼睛等）进行了基因组编辑；麻省理工学院张锋教授团队开发的 REPAIR 系统和博德研究所人员开发出的腺嘌呤碱基编辑器（ABE）可在不干扰基因组的情况下同时进行 RNA 编辑，这些技术可在基因医疗方面发挥重要作用。

研究发现了更多新的基因组编辑技术。法国艾克斯–马赛大学的科学家 Didier Raoult，在巨型病毒中意外地发现了一种类似于 CRISPR 的潜在基因组编辑新技术 MIMIVIRE，MIMIVIRE 极有可能成为一种新的基因组编辑工具。Jennifer Doudna 实验室在目前还不能在实验室培养的细菌中发现了两种新型 CRISPR-Cas 系统：CRISPR-CasX 和 CRISPR-CasY 系统。南京大学医学院附属金陵医院的周国华发现了一种基于以结构引导的内切酶（structure-guided nuclease，SGN）的基因组编辑新技术，实现体内外 DNA 任意序列的靶向和切割。该技术实现了可编程的基因组编辑系统，可以在斑马鱼胚胎中成功编辑内源基因。美国索尔克生物学研究所和日本理化学研究所合作将非同源末端连接（NHEJ）DNA 修复细胞路径与 CRISPR-Cas9 结合，成功对非分裂细胞进行了基因组编辑。这种活体内基因组编辑技术被称为同源非依赖性靶向整合（homology-independent targeted integration，HITI）。

基因组编辑技术在疾病研究和治疗方面的应用也越来越广泛。全球首个成簇的规律间隔的短回文重复序列（CRISPR）技术的人体临床试验在中国启动；美国怀特海德研究所、拉根研究所和布罗德研究所的研究人员利用 CRISPR-Cas9 基因组编辑技术鉴定出 3 个有望用于治疗 HIV 感染的新靶标；美国圣犹大儿童研究医院的研究小组利用 CRISPR-Cas9 技术修复了镰状细胞病患者造血干细胞中的致病突变基因，是利用基因组编辑治疗遗传疾病的里程碑式的一步；美国科学家成功使用基因组编辑技术 CRISPR 来改变 T 细胞，并将它们变成了"癌细胞杀手"。

在 2018 年尾声，中国研究者贺建奎团队声称世界上首例经过基因组编辑的一对双胞胎女性婴儿出生，这是世界上首例利用基因组编辑工具 CRISPR-Cas9 进行基因修饰以能够天然地抵抗 HIV 感染的基因组编辑人类。该消息在国内外迅速发酵，引起普通民众和各领域科学家的强烈讨论，引发千层浪。然而，基因组编辑技术在基因研究、基因治疗和遗传改良方面具有巨大的潜力，成为科研和医疗等领域的一种重要的工具。

2017 年和 2018 年这两年，基因组编辑技术领域的重要进展有以下方面。

（一）美国科学家利用细菌 CRISPR-Cas 系统构建出世界上最小的磁带录音机

2017 年 12 月 15 日，*Science* 期刊发表的一项研究显示，美国哥伦比亚大学医学中心的研究人员通过一些分子黑客技术，将一种天然的细菌免疫系统转化为一种微型数据记录器（Sheth et al.，2017），从而为开发将细菌细胞用于疾病诊断和环境监测等用途的新技术奠定基础。

研究人员利用很多细菌物种中存在的一种免疫系统 CRISPR-Cas 来构建这种微型数据记录器。CRISPR-Cas 系统复制来自入侵病毒的 DNA 片段，因此随后的细菌后代能够更加有效地抵抗这些病原体。结果就是细菌基因组中的 CRISPR 位点按时间顺序记录着在病毒感染中存活下来的细菌和它的祖先遭遇到的病毒感染。当这些相同的病毒试图再次感染时，这种 CRISPR-Cas 系统能够识别和消除它们。

（二）研究揭示抗 CRISPR 蛋白阻断 CRISPR 系统机制

2017 年 3 月 23 日，*Cell* 期刊发布的一项研究 *Structure Reveals Mechanisms of Viral Suppressors that Intercept a CRISPR RNA-Guided Surveillance Complex* 显示，美国国家过敏与传染病研究所、斯克里普斯研究所、蒙大拿州立大学、加州大学旧金山分校和加拿大多伦多大学的研究人员首次解析出病毒抗 CRISPR 蛋白附着到一种细菌 CRISPR 监视复合物上时的结构（Chowdhury et al.，2017）。研究发现，抗 CRISPR 蛋白的作用机制是封锁 CRISPR 识别和攻击病毒基因组。一种抗 CRISPR 蛋白甚至"模拟"DNA，让这种 crRNA（CRISPR 经转录产生的 RNA）引导的检测机器脱轨。

（三）美国科学家开发出能携带 CRISPR 系统的新型纳米颗粒

2017 年 11 月 13 日，*Nature Biotechnology* 期刊发表的一项研究 *Structure-Guided Chemical Modification of Guide RNA Enables Potent Non-Viral In Vivo Genome Editing* 显示，美国麻省理工学院的研究人员鉴定了可以在维持或增强基因组编辑活性的同时进行修饰的导向 RNA（gRNA）区域，并据此开发出了一种能够传递 CRISPR 系统的脂质纳米颗粒制剂。该传递系统在临床环境下可以实现肝脏中基于 Cas9 的非病毒基因组编辑（Hao et al.，2017）。研究者利用这种新型的运输技术，能对大约 80% 的肝脏细胞进行特定基因的切割，这或许能达到目前在成体动物中应用 CRISPR 技术的最佳成功率。该研究中，研究者所研究的一种名为 *Pcsk9* 的基因能够调节机体胆固醇的水平，而人类机体中该基因的突变或许和一种名为家族性高胆固醇血症的罕见疾病有关。目前 FDA 批准的两种抗体药物能够抑制 *Pcsk9* 基因的表达，然而这些抗体药物需要在患者后半生中定期服用，而新型的纳米技术或能永久性地对该基因进行编辑，为治疗这种罕见疾病提供了新的治疗思路。

2018 年 11 月 12 日，*Nature Biomedical Engineering* 在线发表了美国莱斯

大学 Zhu 等（2019）的一项研究 *Spatial Control of In Vivo CRISPR‐Cas9 Genome Editing via Nanomagnets*。研究人员将磁性纳米颗粒（MNP）与重组的圆柱形杆状病毒载体（baculovirus vector，BV）相结合，开发出运送 CRISPR-Cas9 的 MNP-BV，施加局部的磁场能够高效地靶向运送 MNP-BV，并促进将其转导到细胞中，从而实现通过空间控制对特定组织或器官中的基因进行修饰。

（四）CRISPR-Cas 抑制剂的研究

2017 年 8 月 24 日，*Cell* 期刊发布的一项研究 *A Broad-Spectrum Inhibitor of CRISPR-Cas9* 显示，美国加州大学伯克利分校、马萨诸塞大学医学院、哈佛医学院和加拿大多伦多大学的研究人员证实两种 Acr 蛋白，即 AcrIIC1 和 AcrIIC3，是通过不同的方式来抑制 Cas9 的（Harrington et al.，2017）。AcrIIC1 是一种广谱 Cas9 抑制剂，通过直接结合到 Cas9 的保守性 HNH 核酸酶催化结构域上，阻止多种有差异的 Cas9 直系同源物切割 DNA。AcrIIC1-Cas9 HNH 结构域复合体的晶体结构展示了 AcrIIC1 如何将 Cas9 限制在一种 DNA 结合的但是没有催化活性的状态。相反，AcrIIC3 阻断单个 Cas9 直系同源物的活性，诱导 Cas9 形成二聚体，从而阻止 Cas9 结合到靶 DNA 上。这两种不同的机制允许独自控制 Cas9 的靶标 DNA 结合和切割，而且也为开展允许 Cas9 结合到靶 DNA 上但阻止其切割 DNA 的应用铺平道路。

2018 年 9 月，*Science* 在线发表了一项利用全面的生物信息学和实验筛选方法鉴定 CRISPR-Cas12a 介导的基因组编辑的抑制剂（Watters et al.，2018）。同月，另一研究团队发现了广泛分布的 I 型和 V 型 CRISPR-Cas 抑制剂，其结果 *Discovery of Widespread Type I and Type V CRISPR-Cas Inhibitors* 也发表在 *Science* 上（Marino et al.，2018）。研究人员发现了 12 个 *acr* 基因。当在人细胞中进行测试时 AcrVA1 抑制因子能够最有效地抑制一系列 Cas12a 的同源物，包括 MbCas12a、Mb3Cas12a、AsCas12a 和 LbCas12a。这些 CRISPR-Cas 抑制剂可作为对 CRISPR 基因组编辑进行控制的生物技术工具。

（五）美国科学家首次利用 CRISPR–Cas9 对古生菌进行基因组编辑

2017 年 3 月 14 日，*PNAS* 期刊上发布的一项研究 *Cas9-Mediated Genome*

Editing in the Methanogenic Archaeon Methanosarcina Acetivorans 显示，美国伊利诺伊大学厄巴纳-香槟分校的研究人员首次记录了在古生菌（Archaea）中使用 CRISPR-Cas9 介导的基因组编辑（Nayak and Metcalf，2017）。该突破性工作有潜力在未来极大地加快研究这类有机体，包括对全球气候变化的影响。

为了在细胞中使用 CRISPR 系统，研究人员必须开发出一种将有细胞偏好的 DNA 修复系统考虑在内的操作方法：在 CRISPR "分子剪刀"切割染色体后，细胞的修复系统介入进来，通过一种能够被用来移除或添加附加的遗传物质的机制修复这种 DNA 损伤。在真核细胞中，这种修复机制为 NHEJ。该研究中，研究人员在乙酸甲烷八叠球菌中引入 NHEJ 机制。

（六）美国科学家利用 CRISPR 表观基因组编辑鉴定人体细胞基因组中的功能性调节元件

2017 年 4 月 3 日，*Nature Biotechnology* 期刊发表的一项研究 *CRISPR-Cas9 Epigenome Editing Enables High-Throughput Screening for Functional Regulatory Elements in the Human Genome* 显示，美国杜克大学的研究人员描述了一种高通量筛选技术：利用 CRISPR-Cas9 表观基因组编辑鉴定人体细胞基因组中的功能性调节元件。研究结果证实，导致更常见的复杂疾病（如心血管疾病、糖尿病和神经系统疾病）的大多数基因变异实际上发生于基因之间的调节区域（Klann et al.，2017）。

（七）美国科学家发现迄今为止最小的 CRISPR 基因组编辑系统，可用于或改善快速诊断

2017 年 4 月 28 日，*Science* 期刊发表的一项研究显示，美国的研究人员将 Cas13a 改造并建立了一种基于 CRISPR 的诊断工具，并将其命名为 SHERLOCK（Specific High-Sensitivity Enzymatic Reporter UnLOCKing）（Gootenberg et al.，2017）。这种新工具具备快速、灵敏、成本低的优势。其反应试剂可以冻干，用于冷链独立、长期储存，并且易于现场应用，灵敏度相比以往的工具增加了 100 万倍。该研究认为 SHERLOCK 平台可进一步用于快速、多重 RNA 表达检测以及其他敏感的检测，如核酸污染。2018 年，

张锋团队对 SHERLOCK 诊断平台进行系列优化，让这种平台使用来自不同细菌种类的 Cas13 和 Cas12a 酶来产生额外的信号；此外，还添加了一种额外的 CRISPR 相关酶 Csm6 来放大检测信号，从而增加了 SHERLOCK 的灵敏度，并增加准确地定量确定样品中的靶分子水平和一次测试多种靶分子的能力（Gootenberg et al.，2018）。

2018 年 10 月，Harrington 等发现了迄今最小的 CRISPR 基因组编辑系统，并将其结果发表在 *Science* 上。研究人员在从科罗拉多州来复镇的一个有毒的净化场所获得的地下水样品中获得了古细菌，并在其经过测序的基因组中发现了 Cas14 蛋白（Harrington et al.，2018）。与 Cas9 一样，Cas14 具有作为生物技术工具的潜力。由于其具有较小的体积，Cas14 可能用于编辑小细胞或某些病毒中的基因，而且鉴于 Cas14 的单链 DNA 切割活性，它更有可能改善开发中的用于快速诊断传染病、基因突变和癌症的 CRISPR 诊断系统。

（八）韩国科学家首次利用 CRISPR 培育出单核苷酸编辑转基因小鼠

2017 年 2 月 27 日，*Nature Biotechnology* 期刊发表的一项研究 *Highly Efficient RNA-Guided Base Editing in Mouse Embryos* 显示，韩国基础科学研究所（Institute for Basic Science，IBS）基因组工程中心的研究人员利用 CRISPR-Cas9 基因组编辑技术的一种变体版本培育出了单核苷酸编辑小鼠（Kim et al.，2017）。

IBS 研究人员在小鼠体内测试了 CRISPR-nCas9-CD 是否能够校正 *Dmd* 基因（编码抗肌萎缩蛋白）或 *Tyr* 基因（编码酪氨酸酶）中的单个核苷酸。研究发现，由 *Dmd* 基因发生单核苷酸突变的胚胎发育而成的小鼠在它们的肌肉中不产生抗肌萎缩蛋白（dystrophin），而由 *Tyr* 基因发生单核苷酸突变的小鼠则表现出白化性状。抗肌萎缩蛋白确实与肌肉肌营养不良疾病相关联，而酪氨酸酶控制黑色素产生。

（九）美国科学家利用 CRISPR-Cas9 构建出更加强效的 CAR-T 细胞

2017 年 2 月 22 日，*Nature* 期刊发表的一项研究显示，美国研究人员利用 CRISPR-Cas9 技术构建出了一种增强小鼠体内肿瘤免疫排斥的强效嵌合抗原受体（chimeric antigen receptor，CAR）T 细胞（CAR-T 细胞）（Eyquem et al.，2017）。该研究显示，CRISPR-Cas9 技术或可推动癌症免疫疗法的进步。

（十）美国科学家开发出不切割 DNA 的 CRISPR 技术

2017 年 12 月 7 日，*Cell* 期刊上发表的一项研究显示，美国索尔克生物研究所的科学家开发出了无须诱导 DNA 双链断裂（DSB）的基因组编辑技术。它可以实现靶基因激活、允许调节内源基因表达而不产生断裂（Liao et al.，2017）。

该研究认为，这项技术利用修饰的 CRISPR-Cas9 机制和共转录复合物，完全能够拯救基因表达水平［如恢复急性肾损伤后或肌营养不良症模型鼠（mdx）中的 Klotho 蛋白水平］、补偿遗传缺陷（如补偿肌营养不良蛋白的丧失），且可以通过诱导转分化因子来改变细胞命运。研究人员表示，此技术具有很大的前景，可作为体内生物医学研究的工具，为开发针对人类疾病的靶向表观遗传疗法开辟了新的途径。

（十一）科学家利用 CRISPR-Cas9 首次成功实现单基因遗传病的突变基因安全修复

2017 年 8 月 2 日，*Nature* 期刊发表的一项研究 *Correction of a Pathogenic Gene Mutation in Human Embryos* 显示，美国、韩国和中国的科研人员合作，对人类胚胎中引起肥厚型心肌病的 *MYBPC3* 基因突变进行了校正，表明具靶向精确性的基因组编辑技术有可能用于纠正人类胚胎中的可遗传突变。该研究认为，靶向基因校正可以潜在地拯救大部分突变胚胎，但还需解决该方法对人类其他杂合突变的适用性问题（Ma et al.，2017b）。

（十二）科学家开发出机器学习计算模型探究 CRISPR 作用机制

2018 年 11 月 7 日，*Nature* 在线发表了哈佛大学和麻省理工学院等多家机构联合的研究 *Predictable and Precise Template-Free CRISPR Editing of*

Pathogenic Variants。研究者将观察到的细胞如何修复小鼠和人类基因组中 CRISPR 靶向切割的 2000 个位点的数据输入到一种称为 inDelphi 的机器学习模型中，并促进这种算法学习细胞如何对每个位点上的切割做出反应。其预测结果表明，在很多位点上，经过校正的基因并不包含大量的变异，而是一种单一的结果，如校正致病性的基因（Shen et al.，2018）。在同月 27 日，Allen 等发表在 *Nature Biotechnology* 上的一项研究 *Predicting the Mutations Generated by Repair of Cas9-induced Double-Strand Breaks* 表明，经过 CRISPR-Cas9 切割的 DNA 的修复依赖于靶 DNA 和 gRNA 的精确序列，并且在相同的序列中，细胞的这种修复机制是可重复的。他们利用大量的序列数据开发出机器学习计算工具 FORECasT 来预测修复后的 DNA 序列（Allen et al.，2018）。这是一项当时为止最大规模的探究 CRISPR 作用机制的研究。

第四章

生物安全产业

第一节　生物安全产业概述

当今，由生物因素引起的各种安全威胁具有复杂性、多样化、简单易用等特点，超越传统安全，已成为人类发展面临的新型安全威胁。有效防范这类新威胁已成为全球最为紧迫的任务。近年来，全球各国为防范生物安全风险和应对生物安全问题，非常重视生物安全产业的发展。目前，国际上还没有"生物安全产业"这一概念。本书认为，"生物安全产业"是指为抵御生物安全风险和应对生物安全问题而发展的一些产业，涉及疫苗产业、抗生素产业、抗病毒药物产业和食品产业等。

21 世纪被称为生命科学的时代，生物技术在医疗卫生、农业、环保、轻化工、食品保健等领域发挥着越来越重要的作用，包括改善人类健康状况及生存环境、提高农牧业以及工业的产量与质量。我国政府高度重视生物技术和相关产业的发展。习近平在 2016 年全国科技创新大会、两院院士大会、中国科协第九次全国代表大会上指出：我国很多重要专利药物市场被国外公司占据，高端医疗装备主要依赖进口，成为看病贵的主要原因之一，而创新药物研发集中体现了生命科学和生物技术领域前沿新成就和新突破，先进医疗设备研发体现了多学科交叉融合与系统集成。[①]因此，要推动生命科学、生物技术领域前沿取得突破，加快创新药物和先进医疗设备的研发和产业化，为解决人民群众"看病贵"提供有力支撑。李克强在 2017 年《政府工作报告》中强调：全面实施战略性新兴产业发展规划，加快新材料、人工智能、集成电路、生物制药、第五代移动通信等技术研发和转化，做大做强产

---

① 为建设世界科技强国而奋斗—在全国科技创新大会、两院院士大会、中国科协第九次全国代表大会上的讲话. http://www.xinhuanet.com//politics/2016-05/31/ c_1118965169.htm[2019-4-10].

业集群。2012 年 12 月 29 日，国务院印发了《生物产业发展规划》，指出生物产业是国家确定的一项战略性新兴产业，计划到 2020 年，生物产业发展成为我国经济的支柱产业。2016 年 12 月，国家发展和改革委员会（简称国家发展改革委）印发了《"十三五"生物产业发展规划》，指出"十二五"以来，我国生物产业复合增长率已经达到 15%以上，2015 年的产业规模已超过3.5 万亿元；到 2020 年，生物产业规模将达到 8 万亿～10 万亿元，生物产业增加值将占 GDP 的 4%以上，成为国民经济的主导产业（新华社，2017）。

随着生物技术的不断发展和进步，生物安全产业从中不断获得动力。中国生物安全产业已经形成一定的规模，产业发展潜力巨大，并且产业发展存在一些显著的特征。

一、发展趋势呈集聚化特征

依托产业基地，中国的生物产业发展呈现出了集群态势，形成了以下主要的集聚区。①以上海、杭州等城市为依托的长江三角洲地区。该地区已形成完整的产业集群，并成为中国生物安全产业最大的聚集区。②以广州、深圳等城市为依托的珠江三角洲地区。该地区市场经济体系相对成熟，民营资本相对活跃，形成了商业网络发达的生物产业集群。③以北京、天津等城市为依托的环渤海地区。该地区生物技术力量雄厚，各级行政单位在医药产业链和价值链方面具有较强的互补性，是中国最具创新性的产业集群。④中西部和东北地区。该地区动植物资源相对丰富，借此优势发展现代中药和生物农业，地区特色生物产业发展较快。

二、产业化能力与时俱进，创新能力不断提升

总体看来，中国的生物安全产业目前在发展中国家居领先地位。经过数十年的发展，中国在基因组学、生物信息学、干细胞、蛋白质工程、生物芯片等生命科学前沿领域均取得了高水平的研究成果；此外，国际基因组研究工作也有多项业务已承担完成，如人类基因组计划 1%测序。目前，我国达到国际先进水平的领域包括超级杂交水稻育种技术及应用、转基因植物研究等，动

物体细胞克隆技术也取得了重要进展。许多生物科技成果已申报专利、进入临床阶段或即将投入规模化生产。一些生物技术公共研发平台也已经初步形成。

三、生物安全产业全球化国际合作趋势明显

我国的生物科技产品的出口量增长迅速，出口结构也在不断优化。跨国公司的业务推进以及生物技术外包服务业的迅速发展都进一步推动了我国生物安全产业的国际合作。

第二节　疫　苗　产　业

免疫是一种已得到证实的控制和消灭威胁生命传染病的手段，而使用疫苗是获得免疫的通用方法，在保护人类生命健康、预防特定传染疾病等方面发挥着重要作用。

以天花为例，在 1967 年，世界卫生组织启动强化消灭天花规划。推广天花疫苗接种之前，因天花死亡的病例数以亿计。1980 年，世界卫生组织宣布天花已被根除，其中天花疫苗的作用功不可没，这也是人类用疫苗对抗病毒的首次胜利。

疫苗接种极大地降低了传染病发病率，是最经济有效的公共卫生解决方案。2016 年，CDC 发布的战略报告 *Centers for Disease Control and Prevention's Strategic Framework FY 2016-FY 2020* 显示，每 1 美元的疫苗接种支出可为儿童免疫节省 3 美元的直接费用和 10 美元的间接费用。得益于疫苗接种，世界卫生组织在 1980 年宣布消灭了天花，在 2015 年宣布消灭了 Ⅱ 型脊髓灰质炎病毒（Centers for Disease Control and Prevention，2016）。由于疫苗在传染病防治中的不可或缺性，其市场规模不可小觑。

一、全球疫苗市场

全球知名医药市场调研机构 Evaluate Pharma 调研数据显示，2017 年全

球疫苗销售额约为 277 亿美元，2018 年销售额为 305 亿美元，到 2024 年全球疫苗销售额预计达到近 450 亿美元（Evaluate Pharma，2019）。2017 年，葛兰素史克（GSK）公司、默沙东（MSD）公司、辉瑞公司、赛诺菲公司四大巨头的销售额共计 249.63 亿美元。其中，葛兰素史克公司 66.52 亿美元，默沙东公司 65.46 亿美元，赛诺菲公司 57.64 亿美元，辉瑞公司 60.01 亿美元（表 4-1）（Evaluate Pharma，2018）。

表 4-1　2017、2024 年全球疫苗销售额排名前十的公司

排名	公司	全球销售额/百万美元		全球市场占比/%	
		2017 年	2024 年	2017 年	2024 年
1	葛兰素史克公司	6 652	10 742	24.0	24.1
2	默沙东公司	6 546	9 398	23.7	21.1
3	赛诺菲公司	5 764	8 130	20.8	18.2
4	辉瑞公司	6 001	7 256	21.7	16.3
5	诺瓦瓦克斯公司	—	2 650	—	5.9
6	Emergent Biosolutions（EBS）	287	1 119	1.0	2.5
7	杰特贝林公司	835	1 068	3.0	2.4
8	Inovio Pharmaceuticals	—	671		1.5
9	Bavarian Nordic	8	544	0.0	1.2
10	田边三菱制药株式会社	407	501	1.5	1.1
	合计	26 500	42 079	95.7	94.3
	其他	1 182	2 550	4.3	5.7
	行业总销售额	27 682	44 629	100.0	100.0

据 Evaluate Pharma 统计（表 4-2），2017 年，全球主要最畅销的疫苗是辉瑞公司和韩国大熊制药株式会社生产的 13 价肺炎球菌结合疫苗 Prevnar 13，其销售额高达 56.93 亿美元，全球市场份额达到 20.6%。第二畅销的是默沙东公司和杰特贝林公司的宫颈癌（HPV）疫苗 Gardasil，其销售额为 23.80 亿美元，约占 8.6% 的全球市场份额。Evaluate Pharma 预测显示，Prevnar 13、Gardasil、Pentacel、Fluzone 以及 Combination Respiratory Vaccine 这 5 种疫苗商品将在 2024 年占据全球疫苗销售榜前五位（Evaluate Pharma，2019），结合其功能特点，可以看出多价结合疫苗、联合疫苗、专科特色疫苗是疫苗市场热点。

表 4-2　到 2024 年全球疫苗产品销售额 TOP5

商品名	通用名称	公司	全球销售额/百万美元		全球市场份额/%	
			2017 年	2014 年	2017 年	2024 年
Prevnar 13	13 价肺炎球菌疫苗	辉瑞公司和韩国大熊制药株式会社	5693	5756	20.6	12.9
Gardasil	HPV 疫苗	默沙东公司和杰特贝林公司	2380	3279	8.6	7.3
Pentacel	百白破-Hib-脊灰五联疫苗	赛诺菲公司和 Laboratorios Farmacéuticos ROVI	2065	2904	7.5	6.5
Fluzone	四价流感疫苗	赛诺菲公司	1798	2406	6.5	5.4
Combination Respiratory Vaccine	流感疫苗和呼吸道合胞病毒疫苗	诺瓦瓦克斯公司	—	1821	—	4.1

　　据 Evaluate Pharma 统计（表 4-3），预计到 2024 年，全球最具潜力的在研疫苗前五位分别是 Combination Respiratory Vaccine、NuThrax、V114、RSV F Vaccine、VGX-3100，其中诺瓦瓦克斯公司的 Combination Respiratory Vaccine 具有最高的在研疫苗资产价值，将在 2024 年达到 18.21 亿美元的销售额，在 2024 年跻身全球疫苗销售榜第五位。

表 4-3　2024 年最具潜力的在研疫苗 TOP5

商品名	通用名称	公司名	2024 年销售额/百万美元
Combination Respiratory Vaccine	流感疫苗和呼吸道合胞病毒疫苗	诺瓦瓦克斯公司	1821
NuThrax	佐剂炭疽疫苗	Emergent Biosolutions（EBS）	1102
V114	肺炎球菌结合疫苗	默沙东公司	774
RSV F Vaccine	呼吸道合胞病毒疫苗	诺瓦瓦克斯公司	668
VGX-3100	人乳头瘤病毒疫苗	Inovio Pharmaceuticals	622

　　未来疫苗行业发展方向是联合疫苗等新型疫苗的开发，这一趋势是由以联合疫苗为代表的新疫苗的优势推动的。以赛诺菲公司的五联疫苗为例，它可同时预防五种感染性疾病。相比单独接种五种相应疫苗，它可减少接种次数，在方便接种行为的同时还能降低疫苗不良反应发生概率。

　　传统的疫苗主要用来预防疾病，但对免疫力低下和已发病的个体无效。随着免疫学的发展，人们开发出了治疗性疫苗。其可在已发病个体中通过诱导特异性免疫应答，达到治疗或防止疾病恶化的效果。治疗性疫苗发挥作用的机制是打破机体的免疫耐受、改善机体的特异性免疫应答、清除病原体或异常细胞。由于其特异性高、副作用小、疗程短、效果持久、无耐药性等优势，理论上它具有广阔的市场空间。据不完全统计，全球已有超过 10 种治疗性疫苗上市，但其上市后治疗效果一般，市场反应平淡。唯一拥有 FDA 批准的治疗性肿瘤疫苗公司——丹德里昂（Dendreon）公司，因市场表现惨淡最终以破产告终。即便如此，随着理论和技术的突破，治疗性疫苗也将会是未来发展的一大方向。

二、中国疫苗市场

1. 优势：我国是疫苗生产大国，市场潜力大

根据前瞻产业研究院 2018 年整理的数据，从全球疫苗市场份额竞争区域分布来看，北美洲以约 62.9% 的市场份额占据疫苗市场的优势地位。其中，美国是全球最大的疫苗市场，市场规模约为 170 亿美元；其次是欧洲市场，占比约 18.8%，其中德国疫苗市场最大，市场规模约为 17 亿美元；亚洲、非洲、大洋洲、南美洲共计占比约 18.3%，其中日本疫苗市场最大，约为 26 亿美元（前瞻产业研究院，2018）。

中国是全球最大的人用疫苗生产国。根据中检院数据披露，我国每年批签发疫苗 5 亿～10 亿份，全球排名第一。2017 年，我国国内具有疫苗批签发记录的企业共有 45 家（本土 41 家，外资 4 家），2018 年减少为 39 家（本土 35 家，外资 4 家）（前瞻产业研究院，2019）。2017 年，中国已获批上市的疫苗有 63 种，批签发的疫苗达到 7.12 亿份（图 4-1），其中国产疫苗 6.94 亿份（贡晓丽，2018）。根据中国医药企业发展促进会统计数据（中国医药企业发展促进会，2019），2018 年度，我国签发疫苗 54 种，批发签总量为 53 349.34 万份，分为细菌性和类毒素、减毒、灭活、多糖、结合、基因工程、亚单位疫苗等几类，分别占比 16.77%、23.36%、29.67%、14.00%、2.01%、13.60%、0.04%。

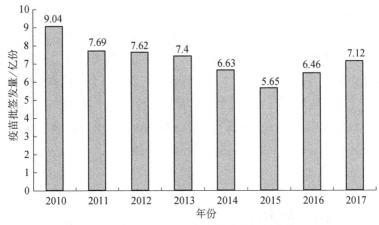

图 4-1 2010～2017 年中国疫苗批签发量

2017 年，中国疫苗市场规模达到了 330.9 亿元，其中动物疫苗市场规模约 165.2 亿元，人用疫苗市场规模约 165.7 亿元（表 4-4）[①]。

表 4-4 2010～2017 年中国疫苗市场规模（单位：亿元）

年份	动物疫苗	人用疫苗		合计
		儿童疫苗	成人疫苗	
2010	68.2	47.2	34.8	150.2
2011	78.5	53.4	39.2	171.1
2012	97.8	60.2	44.4	202.4
2013	105.3	62.8	47.2	215.3
2014	113.6	67	53.5	234.1
2015	122.9	72.5	60.2	255.6
2016	138.4	80.2	65.8	284.4
2017	165.2	95.5	70.2	330.9

2. 不足：产业集中度低，产品缺乏创新，竞争力不强

尽管我国疫苗市场潜力大、疫苗生产规模大，但疫苗产业仍存在疫苗创新能力缺乏、产品同质化严重、疫苗产业集中度低等问题。截至 2017 年 8 月 30 日，我国共有 43 家疫苗企业/单位拥有药品批准文号，约占全球疫苗生产企业数量的 40%。但除了国企中生集团下属六大生物制品研究所外，我国超半数企业每年仅批签发一个品种，产业集中度相对较低，给疫苗产业监

---

① 2017 年中国我国疫苗批签发数量统计（图）. http://www.chyxx.com/industry/201807/662494.html [2019-4-10].

管带来了一定难度（楚乔，2017）。

此外，我国疫苗产业虽然已经过多年的技术积累，但大多数企业创新力不强、产品同质化严重，主要依赖对传统疫苗的改进。新型疫苗如多联多价疫苗、多糖结合疫苗、HPV 疫苗等虽然在国外上市多年，但是我国仍有很多品种未实现国产化。

赛诺菲巴斯德中国公司生产的 8 批次五联疫苗未通过国家食品药品监督管理总局的批签发，导致国内多地出现五联疫苗紧缺。究其原因，是因为五联疫苗是赛诺菲巴斯德中国公司的独家品种，国内市面上尚无自主研发的替代品，一旦拒签，供求平衡即刻被打破。[①]

在疫苗进出口方面，2017 年，我国人用疫苗进口数量约为 155.76 吨，出口量约为 164.89 吨，出口量高于进口量，但出口金额仅 6500 余万美元，进口金额约 2.69 亿美元[②]。悬殊的数据差距表明我国疫苗出口仍以缺乏创新力的传统产品为主，缺乏竞争优势。

疫苗出口的一个重要途径是通过世界卫生组织预认证。截至 2017 年，我国仅有 4 个疫苗通过了世界卫生组织的预认证，分别是 2013 年通过的成都生物制品研究所乙脑减毒活疫苗和 2015 年通过的华兰生物工程股份有限公司流感疫苗，2017 年通过的中国生物北京北生研生物制品有限公司的口服二价脊髓灰质炎减毒活疫苗以及北京科兴生物制品有限公司的甲型肝炎灭活疫苗。这一数据放眼全球仍属于较低水平，充分说明我国疫苗产业的发展仍有很长的一段路要走。

第三节　抗生素产业

自 1928 年英国细菌学家发现青霉素以来，抗生素为人类预防和治疗感染性疾病做出了巨大的贡献，许多严重疾病得到了有效控制，人类发病率和死

---

① 国内多地出现五联疫苗紧缺 北京已暂停首针接种. http://www.xinhuanet.com/2017-12/18/c_1122124463.htm. [2019-5-20]

② 2017 年中国疫苗进出口贸易及细分总体情况统计（图）. http://www.chyxx.com/industry/201807/662498.html[2019-4-10].

亡率大幅降低。目前，全球抗生素产业已日趋成熟，受研发上市的新药数量减少、部分国家对抗生素的使用进行了规范及价格调控等因素的影响，全球抗生素市场增速放缓。同时，临床上存在超范围、大剂量、长时间使用抗生素的问题，导致致病菌产生耐药性，使得现有抗生素的有效性降低。抗生素耐药性问题已成为全球性的健康问题，迫切需要进行新型抗生素的研发工作。

目前，抗生素依然是我国临床用药中最大的品类之一，在我国医药市场占据重要位置。随着人民生活水平的提高和医疗保险政策的不断完善，就医率和用药率得到了提升，抗生素的市场需求也随之相对增大。同时，抗生素存在的药物滥用问题和价格虚高问题也不容忽视，国家为此采取了一系列整治措施，这对抗生素市场扩展造成了一定的影响。但从长远看来，它有利于抗生素药物临床应用的规范化，从而推动抗生素药物市场的良性健康发展，增强发展的可持续性。

2012 年，卫生部（现国家卫生健康委员会）为了规范抗生素临床应用行为，相继制定实施了《抗菌药物分级管理办法》和《抗菌药物临床应用管理办法》。《抗菌药物分级管理办法》将抗生素分为三类，即非限制使用、限制使用与特殊使用，并实行分级管理。《抗菌药物临床应用管理办法》（卫生部，2012）第二十六条规定："医疗机构和医务人员应当严格掌握使用抗菌药物预防感染的指征。预防感染、治疗轻度或者局部感染应当首选非限制使用级抗菌药物；严重感染、免疫功能低下合并感染或者病原菌只对限制使用级抗菌药物敏感时，方可选用限制使用级抗菌药物。"第二十七条规定："严格控制特殊使用级抗菌药物使用。特殊使用级抗菌药物不得在门诊使用。"这些政策使抗生素医院市场受到了较大的冲击。尽管如此，我国抗生素用药市场仍保持逐年上升的趋势。2015 年，其市场规模增至 1316.5 亿元，同比增长率约为 8.80%，2010～2015 年的年复合增长率约为 6.08%（图 4-2）[①]。目前，抗生素市场逐渐步入常规化发展阶段，预计到 2020 年达到 1780.59 亿元（中国报告大厅，2018）。

依据化学结构及抑菌机理的不同，抗生素可分为酰胺醇类、β-内酰胺类、喹诺酮类、氨基糖苷类、大环内酯类、四环素类抗生素等六大类。目前，大

---

① 2017 年中国抗生素类药物市场情况需求分析（图）. http://www.chyxx.com/industry/201707/540246.html[2019-4-10].

环内酯类、头孢菌素类、青霉素类和碳青霉烯类抗生素销售额在我国抗生素药物市场中占前四位，市场份额合计超过 85%。

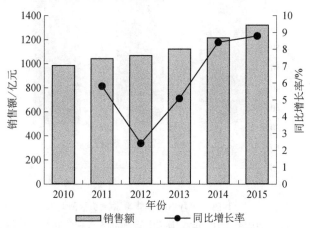

图 4-2　2010～2015 年我国抗生素药物销售额及同比增长率

大环内酯类抗生素可阻止细菌蛋白质的生物合成，从而发挥抗菌作用，是抗感染药物中的一个重要分支，临床上主要用于军团菌病、链球菌感染、衣原体和支原体感染、棒状杆菌感染等疾病的治疗。2010～2015 年，我国大环内酯类药物的市场销售额从 59.63 亿元增加至 73.04 亿元，年复合增长率约为 4.14%，呈现稳定增长状态。

β-内酰胺类抗生素制剂使用量最大、应用最为广泛，其中头孢菌素类、青霉素类抗生素制剂市场份额最高。头孢菌素类抗生素属于半合成抗生素，从第一代发展到第四代，其抗菌范围和抗菌活性也不断扩大和提高。目前，第三代头孢菌素类抗生素市场规模最大，其次是第二代头孢菌素类抗生素。

头孢菌素类抗生素长期被用作基础用药。随着我国医疗保障制度的不断完善尤其是农村医疗保障政策的推进，预计在未来几年就医率和用药率将稳定增长，而头孢菌素类抗生素的使用也将保持增长趋势。如图 4-3 所示，2012～2014 年我国头孢菌素类药物在抗生素市场所占份额均已过半。2012年，其市场规模达 621 亿元，2014 年为 693 亿元[①]，2015 年则达到 735 亿元的销售额（中国报告大厅，2018）。

---

① 2016 年中国抗生素制剂市场规模现状及发展趋势预测（图）. http://www.chyxx.com/industry/201606/425422.html[2019-4-22].

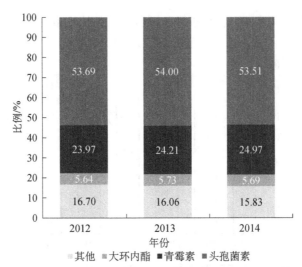

图 4-3 2012～2014 年我国抗生素制剂各类别分布状况数据

2012～2014 年，我国复方抗生素制剂的市场规模由 248.08 亿元上升到了 306.96 亿元，呈逐年增长趋势。我国抗生素制剂类别主要以青霉素类和头孢菌素类为主，其他类别的复方抗生素制剂品种相对较少。

在全球市场抑制抗生素滥用的同时，抗生素作为基础性药物，其关键作用仍无可替代。目前，抗生素产业发展呈现如下特点。

一、全球抗生素产业市场增速放缓

因研发上市的新药数量减少、部分国家对抗生素的使用进行了规范、对抗生素的价格进行了调控，全球抗生素产业市场增长速度呈放缓趋势。英国 Visiongain 商业信息研究所统计数据显示，2016 年，全球抗生素市场规模约为 438 亿美元。该研究所预测，2010～2022 年，全球抗生素市场年复合增长率仅为 2.2%。根据 Grand View Reaserch 机构报告，2018 年，全球抗生素市场规模为 453.1 亿美元（Grand View Research，2019）。

二、我国抗生素滥用现象有所缓解

为了促进药物的合理使用、防控细菌耐药性问题，近年来我国加强了对抗生素临床使用的管理。2011 年，卫生部发布了《2011 年抗菌药物临床应用专项整治活动方案》，对抗生素的使用进行整治；2012 年，《抗菌药物临床应用管理办法》的出台实施进一步限制了抗生素的使用，对抗生素使用进行分级管理，制定了控制抗生素的使用强度、处方比例等具体措施和标准，推动了医院用药的规范性和抗生素使用的良性发展。

根据南方医药经济研究所的统计数据，2015 年，城市公立医院化学药用药市场中，全身用抗感染药物的市场份额约为 18.02%，较前几年呈下降趋势。尽管和欧美成熟市场对比，中国抗生素市场份额仍处于较高水平，但通过规范，目前抗生素已基本达成合理使用的发展趋势。

三、很长时间内抗生素药物仍将占据重要地位

尽管自 2011 年以来，我国进行了大规模的抗生素滥用整治行动，抗生素的市场规模增速有所放缓。但作为基础性药物，抗生素的市场规模依然巨大。随着人民生活水平的提升和医疗保障制度，尤其是农村医疗政策的不断完善，看病率和用药率也随之得到提升，而替代抗生素药物基础作用的新型药物尚未研发面世。预计未来几年内抗生素仍将在我国医药市场占据重要位置，且需求将保持稳定的增长。

四、抗生素原料药产业日趋重视环保 提升绿色竞争力

随着欧美地区生产成本、环保成本的上升，抗生素原料药产业链逐步向发展中国家转移。由于传统化学法合成工艺门槛较低，许多小厂商竞相加入生产行列并扩大产能，导致抗生素原料药行业产能严重过剩。而原料药企业生产带来的"三废"（污水、药渣、废气）给环保带来了巨大压力。

为控制原料药企业排放"三废"对环境造成的污染，国家出台了一系列整治措施。2008 年，环境保护部按照制药类型发布了一系列制药工业水污染物排放标准，包括中药类、发酵类、提取类、化学合成类、混装制

剂类和生物工程类六类制药工业。比起之前执行的 1996 年批准的《污水综合排放标准》，这些标准更为具体明确，对不符合排放标准的企业作"停产"处理，大大限制了原料药企业的污染物排放。除了颁布限排标准，政府还颁布了协助企业治理污染的指导性文件。例如，2012 年 12 月，工业和信息化部发布了《工业和信息化部关于荧光灯等 6 个行业清洁生产技术推行方案的通知》。其中，《化学原料药（抗生素/维生素）行业清洁生产技术推行方案》要求：在发酵类抗生素/维生素制药行业重点推广生物法制备抗生素中间体、维生素 C 生产过程中溶媒回收、无机陶瓷组合膜分离和发酵废水处理制备沼气资源综合利用等清洁生产工艺技术。[①]该技术旨在促进国内原料药企业实现其生产由高能耗、高污染向低能耗、低污染转型。

五、技术创新将成为未来抗生素市场的核心竞争力

放眼全球，抗生素的规范化使用已成为趋势。各国对抗生素市场的监管政策不断加强，推动了抗生素用药结构的优化改善。而全球抗生素市场的竞争早已不再仅是规模和成本的竞争，而更加趋向于产业结构优化、综合效益的提升以及新型产品的研发竞争。这一切都要求企业加快技术创新升级，提升其在化学反应、核心催化剂、技术设备的选择与使用等关键领域的核心技术能力，以生产出结构更优、更为清洁的产品。

第四节　抗病毒药物产业

根据 Evaluate Pharma 调研数据，2017 年，全球抗病毒药物的销售额为 424 亿美元，约占全球药物市场份额的 5.1%（Evaluate Pharma，2018）；2018 年，销售额下降至 389 亿美元（Evaluate Pharma，2019）。其中，吉利德科学

---

① 工业和信息化部关于荧光灯等 6 个行业清洁生产技术推行方案的通知. http://www.miit.gov.cn/ newweb/ n1146290/n1146402/n7039597/c7058879/part/7058880.pdf [2012-12-25].

公司在抗病毒药物市场占主导地位，2017 年其全球市场份额高达约 55%，预计到 2024 年，其全球市场份额将下降到 38.7%，但仍占据最大份额（付义成，2017）。该公司主要通过销售诸如 Biktarvy（成分为比克替拉韦/恩曲他滨/丙酚替诺福韦，中文商品名为必妥维）、Descovy（成分为恩曲他滨/丙酚替诺福韦，中文商品名为达可挥）和 Genvoya（成分为埃替拉韦/科比司他/恩曲他滨/替诺福韦艾拉酚胺，中文商品名为捷扶康）抗病毒药物，使 2016 年的销售额达到了 277 亿美元（刘鑫荣，2016）。

另一个在药物市场保持领先地位的是葛兰素史克公司。依靠艾滋病治疗药物，基于整合酶抑制剂多替拉韦的单片复方药剂 Triumeq（成分为多替拉韦/阿巴卡韦/拉米夫定，中文商品名为绥美凯）的优势，该公司 2016 年抗病毒业务的销售收入达到了 24 亿美元；仅通过销售另一款基于艾滋病整合酶抑制剂 Tivicay（通用名为多替拉韦钠片，中文商品名为特威凯），葛兰素史克公司就实现了 13 亿美元的销售收入。默沙东公司是抗病毒药物市场的另一大巨头。2016 年，该公司抗病毒业务的销售收入达 21 亿美元，约占市场份额的 4.3%（付义成，2017）。

据统计，2015 年 7 月至 2016 年 6 月，全球全身用病毒药制剂出厂金额为 628.3 亿美元（按浮动汇率、固定汇率计，同比分别增长约 19%、23%），其中抗病毒药为 374.48 亿美元（按浮动汇率、固定汇率计，同比分别增长约 28%、32%），约占 59.6%，抗人类免疫缺陷病毒药 253.83 亿美元（按浮动汇率、固定汇率计，同比分别增长约 9%、13%），约占 40.4%（刘鑫荣，2016）。

2015 年 7 月至 2016 年 6 月，全球抗病毒药四个区域市场份额见图 4-4（刘鑫荣，2016）。北美洲抗病毒药市场份额为 50.10%（187.58 亿美元，按浮动汇率、固定汇率计，同比分别增长约 2%、2%），其中美国份额占 179.85 亿美元（按浮动汇率、固定汇率计，同比分别增长约 1%、1%），是该地区最大的抗病毒药市场国家。欧洲市场份额为 27.80%（103.94 美元，按浮动汇率、固定汇率计，同比分别增长约 55%、65%），其中意大利份额占 33.85 亿美元（按浮动汇率、固定汇率计，同比分别增长约 272%、281%）是该地区最大的抗病毒药市场，西班牙以 24.22 亿美元（按浮动汇率、固定汇率计，同比分别增长约 109%、113%）的份额位居第二。亚洲市场以日本的抗病毒药市场最大,有 47.79 亿美元(按浮动汇率、固定汇率计,同比分别增长约216%、217%);我国份额为 14.03 亿美元(按浮动汇率、固定汇率计,同比分别增长约-1%、3%),是亚洲第二大市场。

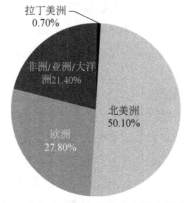

图 4-4   全球抗病毒药四个区域市场份额

截至 2016 年底,全球上市销售的抗病毒药品种约有 34 个,销售额排名前十的产品与基本信息见表 4-5(刘鑫荣,2016)。

表 4-5   全球抗病毒药销售额排名前十的产品

序号	活性成分(商品名)	主要销售公司	2015 年 7 月至 2016 年 6 月销售额/百万美元	2015 年 7 月至 2016 年 6 月市场份额/%	按浮动汇率计同比增长率/%	按固定汇率计同比增长率/%
1	索非布韦+雷迪帕韦(哈沃尼,HARVON)	吉利德科学	18 832	50.3	80	82
2	索非布(SOVALDI)	吉利德科学	7 039	18.8	-7	-3
3	达卡他韦(DAKLINZA)	百时美施贵宝	2 232	6.0	164	167
4	利托那韦+OMBITASVIR+PARITA PREVIR(Viekirax)	艾伯维	1 600	4.3	696	698
5	恩替卡韦(博路定,BARACLUDE)	百时美施贵宝	1 059	2.8	-12	-7
6	奥司他韦(达菲,TAMIFLU)	罗氏	730	1.9	-42	-41
7	利托那韦+OMBITASVIR+PARITA PREVIR(VIEKIRA PAK)	AbbVie	722	1.9	169	169
8	聚乙二醇干扰素 α-2a(PEGASYS)	罗氏	309	0.8	-49	-45

续表

序号	活性成分（商品名）	主要销售公司	2015年7月至2016年6月销售额/百万美元	2015年7月至2016年6月市场份额/%	按浮动汇率计同比增长率/%	按固定汇率计同比增长率/%
9	缬更昔洛韦（VALCYTE）	罗氏	288	0.8	−47	−44
10	恩替卡韦（润众，RUN ZHONG）	正大天晴	285	0.8	24	30
	其他		4 352	11.6		
	合计		37 448	100	28	32

目前已被公认的肝炎病毒有甲型肝炎病毒（HAV）、乙型肝炎病毒（HBV）、丙型肝炎病毒（HCV）、丁型肝炎病毒（HDV）、戊型肝炎病毒（HEV）五种类型。其中，乙型肝炎病毒为 DNA 病毒，其余四类病毒均为 RNA 病毒；抗肝炎病毒药物占据了全球抗病毒药市场的绝对主导位置。2015年7月至 2016 年 6 月，全球抗肝炎病毒药市场达 340.31 亿美元（按浮动汇率、固定汇率计，同比分别增长约 35%、39%），约占抗病毒药市场份额（374.48 亿美元）的 90.9%（刘鑫荣，2016）。

据了解，在国外，大多数国家占领非处方市场首位的是止痛药；而在我国，抗病毒药物是消费者使用率最高的一类药物。根据中国非处方药物协会的统计，目前在我国常见病中占比最高的是流感，约占常见病的 80%。调查显示，抗病毒药物销售额约占零售药店药品零售总额的 15%，仅次于保健品。根据上海某市场研究公司的统计监测，2016 年全国零销售渠道销售的抗病毒药物约有 65 亿元，但这并不能代表所有的抗病毒药物市场空间容量。有专家为抗病毒药物市场容量计算了一笔账：我国每年约有 75% 的人至少患一次流感类的疾病，也就是说每年有近 10 亿人至少需要服用抗病毒药物，按平均每次治疗花费 15～20 元计算，每年抗病毒药物市场有 150 亿～200 亿元的空间容量（李启昇和廖梅香，2017）。

一、品牌竞争不可避免

巨大的市场容量使得各大制药厂商开始进军抗病毒药物市场。市场上抗病毒药物的品牌有上百种，其中有很多知名品牌。越来越激烈的市场竞争导致了抗病毒药物市场的细分，目前抗病毒药物市场是竞争最激烈的市场之一。但是目前的抗病毒药物市场仍然缺少领导型名牌产品。占领抗病毒药物市场第一位的新康泰克也只占了 10% 的市场份额。消费者普遍选择知名品牌药物产品。在大中型城市，品牌使用的集中程度已经很高。有资料显示，新康泰克、康必得、泰诺、感康等主要品牌占市场份额的 60% 以上，在部分大城市超过 80%。因此，随着抗病毒药物市场的容量不断增大和激烈的市场竞争，抗病毒药物市场将会有品牌集中整合的趋势。

二、销售终端面临困境

对于抗病毒药物市场来说，一个品牌做大做强要面临销售终端这个困境，其中零售药店尤为突出。很多零售药店仍处于亏损状态，这是因为：首先，知名品牌产品的折扣率较低，零售药店并没有想象中那么赚钱，只是形象上的销售占了很大一部分；其次，不少的二线品牌药物连锁店已经开始和二线品牌的药物产品合作，实行贴牌营销模式，这在很大程度上对大品牌的产品产生了巨大的影响。

三、市场细分是必然的

流感的治疗基本原则是对症治疗。大多数国家的抗病毒药物市场和品牌都是按照症状来进行细分的，然而在我国，大多数抗病毒药物都声称"一药多疗效"，这就不能满足患者的不同症状和需求的细分了。

从全世界抗病毒药物市场的发展趋势来看，消费者对抗病毒药物呈现出多样化的需求。在激烈的市场竞争中，市场细分是必然的。市场调查表明，中国消费者大多都知道要对症下药，根据流感症状的不同选择相应的品牌产品是其最主要的考虑因素之一。

四、新的诱人空间市场

长期以来，流感都是极度困扰人们的疾病之一，目前人类也无法完全预防和根治流感。流感是最为常见的疾病，所以服用抗病毒药物的患者也最多，因此形成了巨大的药物市场。抗病毒药物市场是中国药品竞争最为激烈的领域。据不完全统计，抗病毒药物的销售总额占将近 15% 的份额，并且每年都在增长，增长幅度约为 20%。这诱人的空间市场吸引了很多的制药企业来争抢这一份巨大的"蛋糕"。截至 2017 年，我国有将近 18% 的企业厂商在生产抗病毒药物，其竞争越来越激烈，这使得许多企业花费大量的金钱在广告上，并采取各种促销手段刺激消费。被消费者所熟知的品牌有很多，但仅少数品牌占绝大部分份额。

目前在我国市场上，国外抗流感品牌药物销售额约占总销售额的 62%，而一些国内品牌如感冒灵、感冒片等销售额约占 38%。传统的中成药抗病毒药物的劣势是见效速度不如西药，因此在一定程度上，市场上的中成药企业在竞争中占劣势地位。但是中成药也有它的优势所在，就是副作用相对小于西药，这使得它们也会在未来的药物市场上取得一定的优势。

五、品牌竞争的个性化

各类品牌的抗病毒药物在市场竞争中都有着其独特的追求点，所以大品牌的抗病毒药物产品根据自身品牌的追求点开始了激烈的市场较量竞争。许多品牌的抗病毒药物竞争在市场中都体现出了个性化的经营理念，这种经营理念体现在以不同人群的性别、年龄、职业、生活水平作为产品细分销售的依据。某些较为成功的品牌都确定了自己在庞大市场中的定位，形成了自身独特的个性化品牌。然而，现在很多的品牌产品明显缺乏个性化，精力都集中在打广告塑造品牌上，力求短时间内提高知名度来推动产品销量。但大部分品牌广告仅仅体现在产品功能介绍上，不能与消费者心中情感产生共鸣，使得消费者很难牢记住该品牌。这是因为很多企业认为，仅仅只需要靠知名度就能带动一个品牌产品的未来，这种片面追求知名度的做法只会适得其反。消费者购买药物产品时往往先看中疗效，但光靠疗效是远远不够的。要成为成功的品牌，药物产品还必须满足消费者的情感需求。

第五节 食 品 产 业

中国拥有超过 14 亿人口的基本市场规模。随着相关政策调整，加上经济及区域经贸的发展产业转型，产业环境由价格竞争逐渐转向强调品质安全与创新的价值竞争。2018 年，中国居民食品烟酒类消费总额达 7.86 万亿元，人均食品饮料消费额约 5631 元，比上年增长 4.8%。食品饮料整体市场规模近五年保持增长，家庭收入增加，饮食多样化。乳制品、优酪乳和巧克力等市场增长表现佳；粮食、食用油、乳制品及饮料等产量稳定。相比于 2017 年，2018 年相关行业产值变化如下：农副食品加工业增加 5.9%，食品制造业增长 6.7%，酒、饮料和精制茶制造业饮料产业增长 7.3%。2018 年，全国规模以上食品工业实现利润总额 6694.4 亿元，同比增长 8.4%。2018 年，受经济增长放缓、中美贸易摩擦等因素影响，食品产业出口值增加 5.4%，低于全部工业 8.5% 的增长率（中国食品工业协会，2019）。食品饮料新品以休闲食品为主，其次为烘焙食品、调味品、非酒精性饮料及乳制品。不含添加剂/防腐剂、省时/快速是新品重要诉求。

近年来，我国食品产业总量规模持续壮大，中国食品工业协会于 2017 年底发布的《中国食品产业发展报告（2012—2017）》显示，2017 年上半年，食品工业增加值同比增长约 6.7%，比全部工业高 1.4 个百分点。整体看来，食品工业的经济效益稳步增长，盈利能力良性发展。同时，食品工业的投资规模也处于持续增长的势头，且投资渠道日益多元化，民间资本是食品工业的投资主体[①]。

从区域发展上看，得益于我国近些年来的区域发展战略规划，我国各地区的食品产业基本处于协调发展状态。其中：东部地区仍处于领先地位；中西部地区依托其自然资源优势和一定的政策扶持进行了产业结构调整，产业优势逐渐凸显；仅东北地区的发展有放缓趋势。发展地区特色食品成为近年

---

① "大食品"时代到来！我国食品工业未来将呈现 8 大发展趋势. http://www.sohu.com/a/215627024_679193[2019-12-17].

来区域食品产业发展的重要支柱。

我国食品工业在整体发展的同时还存在一些问题。根据《中国食品产业发展报告（2012—2017）》，目前我国的食品产业存在以下几个较为显著的问题。

一、食品企业发展差距大，产业集约化进程缓慢

由于食品产业骨干企业不断壮大和市场的优胜劣汰机制，食品工业规模化和生产集中度得到了较大提升，但食品工业兼并重组力度仍然不够。截至2015年，我国大中型食品工业企业共计5822家（中国食品报，2017），相对于1180万家获得许可证的食品生产经营企业仍然偏少。大量小微食品企业缺乏人力物力支持，产品质量无法得到可靠保障，加之技术不到位、管理水平低下，基本仍处于低水平竞争境地，获利困难，难以扩大市场规模。

我国食品产业仍存在"小、弱、散"格局，而随着人民生活水平的提高和消费能力的提升，这样的格局已经无法提供消费升级所需的强大供给能力。这导致大量的消费需求外溢，一些优质产品和食品原料仍很大程度依赖于国际市场，这不利于我国食品工业的长远健康发展。

二、大量企业生产方式仍然粗放

随着我国食品工业产业链的扩大，产品结构趋于多元化、优质化和功能化，食品企业也逐步开始了从追求规模效益向追求品质优势的转型，开始践行节能环保、绿色生产理念。

然而有能力实现这种转型的仅限于该领域处于顶尖地位的大型企业，大量中小型企业由于自主创新能力不强，无法承担技术升级的成本，仍然保持着粗放型发展方式，一方面成果转化率极低，另一方面其沿用的传统生产方式耗能大、污染排放量高，对环境保护也造成了压力。

这种粗放型发展局面的存在除了归因于中小企业自身发展能力有限外，一些宏观上的问题也不容忽视。根据《中国食品产业发展报告（2012—

2017)》，我国食品研发投入力度仅有 0.44%，远低于发达国家和其他新兴工业国家（中国食品报，2017）。投入力度的不足导致我国食品工业长期缺乏自主技术，相关设备升级缓慢，因此产生了高能耗、低利用率的问题。

三、品牌建设滞后，国际知名品牌不足

2017 年，《中共中央 国务院关于开展质量提升行动的指导意见》明确提出要"推动消费品工业增品种、提品质、创品牌"，这说明我国将品牌战略日益上升为国家重要战略，注重品牌塑造已成为一种发展趋势。

2018 年，我国中粮集团、青岛啤酒、茅台、五粮液四个食品品牌入围 2018 年"世界品牌 500 强"①。入围该榜的食品与饮料类品牌共有 31 个，其中美国有 8 个，英国和法国各占 5 个，中国紧随其后。同年，世界品牌实验室网站公布的《中国 500 最具价值品牌》榜单上，食品饮料产业品牌上榜数量最多。这说明随着食品企业组织结构的优化和国内品牌意识的觉醒，我国业内已出现一批独具竞争优势、打响价值和知名度的食品品牌。

但同时，国际知名食品品牌数量较少、排名偏后，从另一个角度也能看出在国际市场竞争中，我国食品产业仍与国际上走在前端的食品产业存在一定的差距。

四、食品安全稳定向好与风险隐患严峻并存

英国《经济学人》综合衡量了 113 个国家的食品可负担性、可及性、质量安全、自然资源弹性四大核心类目，发布了《2018 年全球食品安全指数报告》①。该报告显示，与 2017 年相比，新加坡综合排名升至第一位，爱尔兰降至第二位，美国、英国并列第三位，而中国的排名下滑至第 46 位；不过就每个类目的评分和总评分而言，中国均略有提升。这说明我国的食品安全虽然得到了一定程度的改善但仍不容乐观。

近几年，中央和地方政府高度重视食品安全工作，2012 年发布的《国务

---

① Global Food Security Index 2018. https://foodsecurityindex.eiu.com[2019-4-12].

院关于加强食品安全工作的决定》明确提出：全面提高食品安全保障水平，已成为我国经济社会发展中一项重大而紧迫的任务。此后，我国政府也采取了一系列措施来加强食品安全的监管工作，使得食品安全形势总体上维持在稳定的状态。但食品安全隐患仍然存在、违法违规行为也时有发生，与人们对"食以安为先"的要求还有一定的差距。

2019年1月，国家市场监督管理总局发布了最近一次大规模抽检的通告，即《市场监管总局关于2018年第四季度食品安全监督抽检情况分析的通告》。通告显示，本次抽检"总体合格率为97.6%，不合格率为2.4%，比2017年同期下降了0.2个百分点。大宗食品的合格率保持基本稳定"，虽总体合格率较高，但根据食品总量来测算，2.4%的不合格率所对应的不合格产品数量也已相当可观。

通告表示，我国食品安全检验不合格项目仍以超范围超限量使用食品添加剂、农兽药残留超标和微生物污染等三类问题为主，分别占不合格总数的27.1%、25.2%、24.1%。

我国食品产业在食品生产销售的多个环节均存在安全隐患。①食品来源存在安全隐患。农兽药的滥用、工业污染、城市垃圾污染仍在危害农田作物的食用安全。此外，一些养殖者为追求利益，滥用抗生素和激素以及过度使用化肥，使大量有害物质进入土壤和水源，严重污染生态环境，造成长远且不易治理的危害。②食品加工环节存在安全隐患。其主要涉及生产加工食品的企业主体责任问题。在我国，从事食品生产加工的诸多小企业一方面工艺设备技术落后，另一方面其从业者往往对食品的安全意识不强，管理疏忽。一些无良企业为利益不惜触犯法律法规，在生产中选用变质食材或掺假，降低了群众对国内食品品牌的整体信任，更严重的还危害了消费者的生命健康安全。③食品运输、贮藏环节存在隐患。主要涉及生鲜类食品的冷链运输和贮藏。目前，我国食品工业的冷链物流各环节缺乏系统、规范、连贯的运作，关键设备也存在开发不足，导致大量生鲜产品在没有冷链保障的情况下运输，大大增加了食品变质的风险，威胁消费者的饮食安全。④互联网渠道销售食品的安全隐患。互联网给消费者带来了更多的食品消费选择，但同时相对于线下的面对面拣选销售，互联网渠道销售食品存在一定的不透明性和随机性，增加了监管的难度和消费者遇到质量问题时追责的难度，从而增加了食品安全隐患。⑤食品产业的检测监管工作也存在一定的问题和隐患。首先，食品产业从原料生产到加工到出售过程中，第一、第二、第三产业均有涉及，各产业的监督管理分属多个部门，难以确保每一个步骤都不存在安全疏漏，食品安全的追责制度也尚不完善。此外，我国的农兽药残留等安全标准体系、检测方法标准等与欧美、日本和其他国家之间有很大的差距，安全监测技术和基层安全检查人员配置也相对落后，对于新品类、新加工技术的监督标准建设存在滞后情况。

综合上述存在的食品安全隐患，可以推测我国的食品安全如要达到满足人民群众期待的水准，仍须在较长的一段时间内持续努力。

第五章

中国生物安全态势

第一节 国家生物安全现状

一、传染病

疾病预防控制局 2019 年 4 月公布的《2018 年全国法定传染病疫情概况》文件指出：2018 年（2018 年 1 月 1 日零时至 12 月 31 日 24 时），全国共报告法定传染病发病 7 770 749 例，死亡 23 377 人，报告发病率为 559.4178/10 万，报告死亡率为 1.6829/10 万（表 5-1）（疾病预防控制局，2019）。

2018 年全国法定传染病按类别统计：一是甲类传染病中鼠疫无发病死亡报告；霍乱报告发病 28 例，无死亡，报告发病率为 0.0020/10 万，较 2017 年增加 14 例病例。二是乙类传染病除传染性非典型肺炎、脊髓灰质炎、人感染高致病性禽流感和白喉无发病、死亡报告外，其他共报告发病 3 063 021 例，死亡 23 174 人，报告发病率为 220.51/10 万，报告死亡率为 1.67/10 万，较 2017 年报告发病率下降 0.70%，报告死亡率上升 17.20%。报告发病数居前 5 位的病种依次为病毒性肝炎、肺结核、梅毒、淋病、细菌性和阿米巴性痢疾，占乙类传染病报告发病总数的 92.15%；报告死亡数居前 5 位的病种依次为艾滋病、肺结核、病毒性肝炎、狂犬病和乙型脑炎，占乙类传染病报告死亡总数的 99.27%。三是丙类传染病除丝虫病无发病、死亡报告外，其他共报告发病 4 707 700 例，死亡 203 人，报告发病率为 338.90/10 万，报告死亡率为 0.015/10 万。报告发病数居前 5 位的病种依次为手足口病、其他感染性腹泻病、流行性感冒、流行性腮腺炎和急性出血性结膜炎，占丙类传染病报告发病总数的 99.80%；报告死亡数的病种依次为流行性感冒、手足口病和其他感染性腹泻病，占丙类传染病报告死亡总数的 100.00%。

2018 年全国甲乙类传染病按传播途径统计：一是报告肠道传染病发病 162 322 例，死亡 22 人，报告发病率为 11.69/10 万，较 2017 年下降 13.93%，报告死亡率为 0.0016/10 万，较 2017 年下降 33.33%。二是报告呼吸道传染病发病 928 309 例，死亡 3163 人，报告发病率为 66.83/10 万，较 2017 下降 0.48%，报告死亡率为 0.23/10 万，较 2017 年上升 1.16%。三是报告自然疫源及虫媒传染病发病 60 426 例，死亡 653 人，报告发病率为 4.35/10 万，较 2017 年下降 2.81%，报告死亡率为 0.047/10 万，较 2017 年下降 1.67%。四是报告血源及性传播传染病发病 1 911 909 例，死亡 19 332 人，报告发病率为 137.64/10 万，报告死亡率为 1.39/10 万，分别较 2017 年上升 0.58%和 21.22%。

表 5-1　2018 年全国法定传染病报告发病、死亡统计表

病名	发病/例	死亡数/人	发病率/ (/100 000)	死亡率/ (/100 000)
甲乙丙类总计	7 770 749	23 377	559.417 8	1.682 9
甲乙类传染病合计	3 063 049	23 174	220.504 3	1.668 3
鼠疫	0	0	—	—
霍乱	28	0	0.002	—
传染性非典型肺炎	0	0	—	—
艾滋病	64 170	18 780	4.619 5	1.352
病毒性肝炎	12 80 015	531	92.147 1	0.038 1
——甲型肝炎	16 196	3	1.165 9	0.000 2
——乙型肝炎	999 985	413	71.988 1	0.029 7
——丙型肝炎	219 375	99	15.792 6	0.007 1
——丁型肝炎	356	0	0.025 6	—
——戊型肝炎	28 603	14	2.059 1	0.001
——未分型肝炎	15 500	2	1.115 8	0.000 1
脊髓灰质炎	0	0	—	—
人感染高致病性禽流感	0	0	—	—
麻疹	3 940	1	0.283 6	0.000 1
流行性出血热	11 966	97	0.861 4	0.007
狂犬病	422	410	0.030 4	0.029 5
流行性乙型脑炎	1 800	135	0.129 6	0.009 7
登革热	5 136	1	0.369 7	0.000 1

续表

病名	发病/例	死亡数/人	发病率/ (/100 000)	死亡率/ (/100 000)
炭疽	336	3	0.024 2	0.000 2
细菌性和阿米巴性痢疾	91 152	1	6.562	0.000 1
肺结核	823 342	3 149	59.271 7	0.226 7
伤寒和副伤寒	10 843	2	0.780 6	0.000 1
流行性脑脊髓膜炎	104	10	0.007 5	0.000 7
百日咳	22 057	2	1.587 9	0.000 1
白喉	0	0	—	—
新生儿破伤风	83	4	0.005 2	0.000 3
猩红热	78 864	0	5.677 4	—
布鲁氏菌病	37 947	0	2.731 8	—
淋病	133 156	1	9.585 8	0.000 1
梅毒	494 867	39	35.625 1	0.002 8
钩端螺旋体病	157	1	0.011 3	0.000 1
血吸虫病	144	0	0.010 4	—
疟疾	2 518	6	0.179 8	0.000 4
人感染 H7N9 禽流感	2	1	0.000 1	0.000 1
丙类传染病合计	4 707 700	203	338.903 5	0.014 6
流行性感冒	7 65 186	153	55.085 1	0.011
流行性腮腺炎	259 071	0	18.650 3	—
风疹	3 930	0	0.282 9	—
急性出血性结膜炎	38 250	0	2.753 6	—
麻风病	225	0	0.016 2	—
斑疹伤寒	971	0	0.069 9	—
黑热病	160	0	0.011 5	—
包虫病	4 327	0	0.311 5	—
丝虫病	0	0	—	—
其他感染性腹泻病	1 282 270	15	92.309 6	0.001 1
手足口病	2 353 310	35	169.412 9	0.002 5

注：①表中数据为 2018 年度报告病例按发病日期统计的临床诊断病例和实验室确诊病例（其中不含外籍人口和我国港澳台人口）；②病毒性肝炎报告发病、死亡数为甲型肝炎、乙型肝炎、丙型肝炎、丁型肝炎、戊型肝炎和未分型肝炎的合计数；③疟疾数据为按照终审日期以及按照报告地区统计的中国籍病例；④新生儿破伤风的报告发病率和报告死亡率单位是/1000；⑤人口资料采用 2018 年国家统计局公布的 2017 年末全国常住人口资料

二、食品安全

2013 年，国家卫生和计划生育委员会（简称国家卫生计生委，现国家卫生健康委员会）通过突发公共卫生事件网络直报系统共收到全国食物中毒类突发公共卫生事件（简称食物中毒事件）报告 152 起，中毒 5559 人，死亡 109 人。与 2012 年同期相比，报告起数减少 12.6%，中毒人数减少 16.8%，死亡人数减少 25.3%。2013 年，无重大及以上级别食物中毒事件报告；报告较大级别食物中毒事件 76 起，中毒 1099 人，死亡 109 人；报告一般级别食物中毒事件 76 起，中毒 4460 人（国家卫生计生委，2014）。

2014 年，国家卫生计生委通过突发公共卫生事件网络直报系统共收到 26 个省（自治区、直辖市）食物中毒事件报告 160 起，中毒 5657 人，其中死亡 110 人。与 2013 年同期数据相比，报告起数、中毒人数和死亡人数分别增加 5.3%、1.8% 和 0.9%。2014 年无重大级别食物中毒事件报告。报告食物中毒较大事件 74 起，中毒 842 人，死亡 110 人；报告一般事件 86 起，中毒 4815 人（国家卫生计生委，2015）。

2015 年，国家卫生计生委通过突发公共卫生事件管理信息系统共收到 28 个省（自治区、直辖市）食物中毒事件报告 169 起，中毒 5926 人，死亡 121 人。与 2014 年相比，报告起数、中毒人数和死亡人数分别增加 5.6%、4.8% 和 10.0%。2015 年，无重大食物中毒事件报告。报告食物中毒较大事件 76 起，中毒 676 人，死亡 121 人；一般事件 93 起，中毒 5250 人（国家卫生计生委，2016）。

1. 食物中毒事件报告月度分布

2013 年食物中毒事件报告起数、中毒人数和死亡人数以第三季度（7～9 月）最高，分别占全年总数的 40.1%、36.6% 和 41.3%。食物中毒事件报告起数和死亡人数最多的月份是 7 月，分别占食物中毒事件总报告起数和总死亡人数的 14.5% 和 24.8%；中毒人数最多的月份是 9 月，占食物中毒事件总中毒人数的 20.3%（表 5-2）（国家卫生计生委，2014）。

2014 年食物中毒事件报告起数、中毒人数和死亡人数以第三季度（7～9 月）最高，分别占全年总数的 43.1%、44.4% 和 38.2%。食物中毒事件报告起数和中毒人数最多的月份是 9 月，分别占食物中毒事件总报告起数和中毒总人数的 17.5% 和 24.3%；死亡人数最多的月份是 6 月，占食物中毒事件死亡总人数的 29.1%（表 5-2）（国家卫生计生委，2015）。

2015 年，第三季度（7～9 月）食物中毒事件报告起数和死亡人数最多，分别占全年食物中毒事件总报告起数和总死亡人数的 43.8% 和 62.8%。8 月份食物中毒事件报告起数和死亡人数最多，分别占全年食物中毒事件总报告起数和总死亡人数的 20.1% 和 33.1%。第二季度（4～6 月）食物中毒人数最多，占全年食物中毒总人数的 29.6%。5 月份食物中毒人数最多，占全年食物中毒总人数的 16.0%（表 5-2）（国家卫生计生委，2016）。

表 5-2　2013～2015 年食物中毒事件报告月度分布

月份	报告起数/起			中毒人数/人			死亡人数/人		
	2013 年	2014 年	2015 年	2013 年	2014 年	2015 年	2013 年	2014 年	2015 年
1 月	12	5	14	399	193	636	8	4	3
2 月	5	6	3	154	104	115	5	5	2
3 月	8	8	11	205	165	605	6	12	8
4 月	9	9	7	282	489	282	9	1	3
5 月	13	11	20	494	549	951	8	4	7
6 月	17	26	14	718	638	520	8	32	10
7 月	22	24	14	293	355	401	27	27	12
8 月	18	17	34	609	782	700	12	8	40
9 月	21	28	26	1131	1375	649	6	7	24
10 月	7	11	14	521	524	547	5	3	7
11 月	11	11	4	469	402	235	7	4	0
12 月	9	4	8	284	81	285	8	3	5
合计	152	160	169	5559	5657	5926	109	110	121

2. 食物中毒原因分类

2013 年食物中毒事件报告中，有毒动植物及毒蘑菇引起的食物中毒事件报告起数和死亡人数最多，分别占食物中毒事件总报告起数和总死亡人数的 40.1% 和 72.5%；微生物性食物中毒事件中毒人数最多，占食物中毒事件总中毒人数的 60.4%（表 5-3）（国家卫生计生委，2014）。

2014 年食物中毒事件报告中，微生物性食物中毒事件起数和中毒人数最多，分别占食物中毒事件总起数和中毒总人数的 42.5% 和 67.7%；有毒动植物及毒蘑菇引起的食物中毒事件死亡人数最多，占食物中毒事件死亡总人数的 70.0%。与 2013 年相比，微生物性食物中毒事件的报告起数和中毒人数分别增加 38.8%和 14.1%，死亡人数增加 10 人；化学性食物中毒事件的报告起数、中毒人数和死亡人数分别减少 26.3%、9.5%和 38.5%；有毒动植物及毒蘑菇引起的食物中毒事件的报告起数与 2013 年持平，中毒人数增加 8.6%，死亡人数减少 2.5%；不明原因或尚未查明原因的食物中毒事件的报告起数和中毒人数分别减少 26.1%和 33.7%，死亡人数增加 3 人（5-3）（国家卫生计生委，2015）。

2015 年食物中毒事件报告中，微生物性食物中毒人数最多，占全年食物中毒总人数的 53.7%。有毒动植物及毒蘑菇引起的食物中毒事件报告起数和死亡人数最多，分别占全年食物中毒事件总报告起数和总死亡人数的 40.2% 和 73.6%。与 2014 年相比，微生物性食物中毒事件的报告起数和中毒人数分别减少 16.2%和 17.0%，死亡人数减少 3 人；化学性食物中毒事件的报告起数、中毒人数和死亡人数分别增加 64.3%、151.9%和 37.5%；有毒动植物及毒蘑菇食物中毒事件报告起数、中毒人数和死亡人数分别增加 11.5%、34.0%和 15.6%；不明原因或尚未查明原因的食物中毒事件的报告起数和中毒人数分别增加 23.5%和 36.3%，死亡人数减少 4 人（表 5-3）（国家卫生计生委，2016）。

表 5-3　2013～2015 年食物中毒原因分类情况

中毒原因	报告起数/起			中毒人数/人			死亡人数/人		
	2013 年	2014 年	2015 年	2013 年	2014 年	2015 年	2013 年	2014 年	2015 年
微生物性	49	68	57	3359	3831	3181	1	11	8
化学性	19	14	23	262	237	597	26	16	22
有毒动植物及毒蘑菇	61	61	68	718	780	1045	79	77	89
不明原因或尚未查明原因	23	17	21	1220	809	1103	3	6	2
合计	152	160	169	5559	5657	5926	109	110	121

3. 食物中毒场所分类

2013 年食物中毒事件中，发生在家庭的食物中毒事件报告起数和死亡人数最多，分别占食物中毒事件总报告起数和总死亡人数的 53.3%和 87.2%；发生在集体食堂的食物中毒事件中毒人数最多，占食物中毒事件总中毒人数的 43.0%（表 5-4）（国家卫生计生委，2014）。

2014 年食物中毒事件中，发生在家庭的食物中毒事件报告起数和死亡人数最多,分别占食物中毒事件总报告起数和死亡总人数的 50.6% 和 85.5%;发生在集体食堂的食物中毒事件中毒人数最多,占食物中毒事件中毒总人数的 37.8%。与 2013 年相比,发生在集体食堂的食物中毒事件的报告起数和中毒人数分别减少 8.1% 和 10.4%,死亡人数减少 1 人;发生在家庭的食物中毒事件报告起数与 2013 年持平,中毒人数和死亡人数分别减少 2.4% 和 1.1%;发生在饮食服务单位的食物中毒事件报告起数和中毒人数分别增加 36.4% 和 27.8%,死亡人数增加 1 人;发生在其他场所的食物中毒事件报告起数和中毒人数分别增加 25.0% 和 12.5%,死亡人数增加 20%(表 5-4)(国家卫生计生委,2015)。

2015 年食物中毒事件中发生在家庭的食物中毒事件报告起数和死亡人数最多,分别占全年食物中毒事件总报告起数和总死亡人数的 46.7% 和 85.1%;发生在集体食堂的食物中毒人数最多,占全年食物中毒总人数的 42.6%。与 2014 年相比,发生在集体食堂的食物中毒事件的报告起数和中毒人数分别增加 29.4% 和 17.9%;发生在家庭的食物中毒事件报告起数和中毒人数分别减少 2.5% 和 14.7%,死亡人数增加 9.6%;发生在饮食服务单位的食物中毒事件报告起数和中毒人数分别减少 3.3% 和 2.1%,死亡人数增加 2 人;发生在其他场所的食物中毒事件报告起数增加 2 起,中毒人数增加 31.5%,死亡人数与 2014 年持平(表 5-4)(国家卫生计生委,2016)。

表 5-4　2013～2015 年食物中毒场所分类情况

就餐场所	报告起数/起			中毒人数/人			死亡人数/人		
	2013 年	2014 年	2015 年	2013 年	2014 年	2015 年	2013 年	2014 年	2015 年
集体食堂	37	34	44	2388	2139	2522	3	2	2
家庭	81	81	79	1563	1525	1301	95	94	103
饮食服务单位	22	30	29	1207	1542	1510	1	2	4
其他场所	12	15	17	401	451	593	10	12	12
合计	152	160	169	5559	5657	5926	109	110	121

4. 学生食物中毒事件情况

2013 年学生食物中毒事件的报告起数、中毒人数和死亡人数分别占全年食物中毒事件总报告起数、总中毒人数、总死亡人数的 18.4%、34.1% 和 1.8%。28 起学生食物中毒事件中有 25 起发生在学校集体食堂,中毒 1843 人,无死亡(表 5-5)(国家卫生计生委,2014)。

2014 年学生食物中毒事件的报告起数、中毒人数和死亡人数分别占全年食物中毒事件报告总起数、中毒总人数、死亡总人数的 22.5%、38.6%和3.6%。其中，26 起事件发生在集体食堂，中毒 1754 人，占学生食物中毒人数的 80.4%，无死亡。与 2013 年相比，学生食物中毒事件的报告起数和中毒人数分别增加 28.6%和 15.1%，死亡人数增加 2 人（表 5-5）（国家卫生计生委，2015）。

2015 年学生食物中毒事件的报告起数、中毒人数和死亡人数分别占全年食物中毒事件总报告起数、总中毒人数和总死亡人数的 18.3%、28.7%和0.8%。其中，27 起中毒事件发生在集体食堂，中毒 1605 人，无死亡。与 2014年相比，学生食物中毒事件的报告起数和中毒人数分别减少 13.9%和 22.0%，死亡人数减少 3 人（表 5-5）（国家卫生计生委，2016）。

表 5-5 2013～2015 年学生食物中毒事件情况

中毒原因	报告起数/起			中毒人数/人			死亡人数/人		
	2013 年	2014 年	2015 年	2013 年	2014 年	2015 年	2013 年	2014 年	2015 年
微生物性	14	22	17	1179	1394	1019	0	0	0
化学性	3	2	1	110	9	21	1	4	1
有毒动植物及毒蘑菇	5	6	8	228	298	402	1	0	0
不明原因或尚未查明原因	6	6	5	378	480	259	0	0	0
合计	28	36	31	1895	2181	1701	2	4	1

5. 食物中毒情况分析

从食物中毒事件原因来看：①2013 年，微生物性食物中毒事件的中毒人数最多，主要是由沙门菌、副溶血性弧菌、金黄色葡萄球菌及其肠毒素、大肠埃希菌、蜡样芽孢杆菌、志贺菌及变形杆菌等引起的细菌性食物中毒。有毒动植物及毒蘑菇引起的食物中毒事件报告起数和死亡人数最多，中毒因素包括毒蘑菇、乌头碱、未煮熟的四季豆和豆浆、钩吻、木薯、黄花菜、野生蜂蜜和蜂蛹、眼斑芜菁等，其中毒蘑菇引起的食物中毒事件占该类事件总起数的 55.7%。化学性食物中毒事件的中毒因素包括亚硝酸盐、农药、甲醇及氰化物等，其中亚硝酸盐和农药引起的食物中毒事件占该类事件总起数的79%（国家卫生计生委，2014）。②2014 年，微生物性食物中毒事件的中毒人数最多，且均为由沙门菌、副溶血性弧菌、金黄色葡萄球菌及其肠毒素、蜡样芽孢杆菌、大肠埃希菌、肉毒毒素、椰毒假单胞菌、志贺菌、变形杆菌、弗氏柠檬酸杆菌等引起的细菌性食物中毒事件。有毒动植物及毒蘑菇引起的食物中毒事件报告起数和死亡人数最多，病死率高达 9.9%，是食物中毒事件的主要死亡原因，主要中毒因素为毒蘑菇、未煮熟四季豆和豆浆、油桐果、蓖麻籽、河豚、野生蜂蜜、织纹螺。其中，毒蘑菇引起的食物中毒事件占该类事件总起数的 68.9%。化学性食物中毒事件的主要中毒因素为亚硝酸盐、毒鼠强、氟乙酰胺及甲醇等。其中，亚硝酸盐引起的食物中毒事件 10 起，占该类事件总起数的 71.4%，毒鼠强引起的食物中毒事件 2 起，氟乙酰胺和甲醇引起的食物中毒事件各 1 起（国家卫生计生委，2015）。③2015 年，微生物性食物中毒事件的中毒人数最多，主要致病因子为沙门菌、副溶血性弧菌、蜡样芽孢杆菌、金黄色葡萄球菌及其肠毒素、致泻性大肠埃希菌、肉毒毒素等。有毒动植物及毒蘑菇引起的食物中毒事件报告起数和死亡人数最多，病死率最高，是食物中毒事件的主要死亡原因，主要致病因子为毒蘑菇、未煮熟四季豆、乌头、钩吻、野生蜂蜜等，其中毒蘑菇食物中毒事件占该类食物中毒事件报告起数的 60.3%。化学性食物中毒事件的主要致病因子为亚硝酸盐、毒鼠强、克百威、甲醇、氟乙酰胺等。其中，亚硝酸盐引起的食物中毒事件 9 起，占该类事件总报告起数的 39.1%，毒鼠强引起的食物中毒事件 4 起，占该类事件总报告起数的 17.4%（国家卫生计生委，2016）。

从食物中毒发生场所看：①2013 年，发生在家庭的食物中毒事件报告起数及死亡人数最多，其中导致死亡的主要原因是食用有毒动植物及毒蘑菇中毒和化学性食物中毒。发生在集体食堂的食物中毒事件中毒人数最多，中毒主要原因是由于食品加工、贮藏不当导致食品交叉污染或变质（国家卫生计生委，2014）。②2014 年，发生在家庭的食物中毒事件报告起数及死亡人数最多，病死率最高，为 6.2%；导致死亡的主要原因是误食误用毒蘑菇和化学毒物。其中，农村自办家宴引起食物中毒事件的中毒人数占家庭食物中毒事件中毒总人数的 83.3%。发生在集体食堂的食物中毒事件中毒人数最多，其主要原因是食物污染或变质、加工不当、储存不当及交叉污染等。学校集体食堂是学生食物中毒事件发生的主要场所（国家卫生计生委，2015）。③2015 年，发生在家庭的食物中毒事件报告起数及死亡人数最多，病死率最高，为 7.9%，误食误用毒蘑菇和化学毒物是家庭食物中毒事件死亡的主要原因。农村自办家宴引起的食物中毒事件 20 起，中毒 1055 人，死亡 13 人，分别占家庭食物中毒事件总报告起数、总中毒人数和总死亡人数的 25.3%、81.1% 和 12.6%。发生在集体食堂的食物中毒事件中毒人数最多，主要原因是食物污染或变质、加工不当、储存不当及交叉污染等。学校集体食堂是学生食物中毒事件发生的主要场所（国家卫生计生委，2016）。

三、转基因生物安全

2019 年 8 月，国际农业生物技术应用服务组织（ISAAA）发布的《2018 年全球生物技术/转基因作物商业化发展态势》（Global Status of Commercialized Biotech/GM Crops in 2018）报告显示，2018 年全球 26 个国家转基因作物种植面积达 1.917 亿公顷，比 2017 年增加了 190 万公顷（图 5-1）。自 1996 起，在转基因作物商业化种植的 23 年中，除了 2015 年转基因作物种植面积有所下降之外，其余 22 年种植面积均逐年增长。2018 年全球转基因作物的种植面积是 1996 年 170 万公顷的近 113 倍；1996～2018 年，全球转基因作物累计超过 25 亿公顷（ISAAA，2019）。

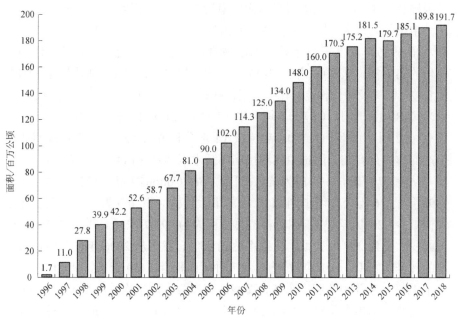

图 5-1　1996～2018 年 23 年间全球转基因作物种植面积

在种植转基因作物的 26 个国家中，有 21 个发展中国家和 5 个发达国家。发展中国家的转基因作物种植面积占全球种植面积的 54%，发达国家则为 46%。美国以 7500 万公顷的种植面积占全球转基因作物种植的领先地位，其次是巴西（5130 万公顷）、阿根廷（2390 万公顷）、加拿大（1270 万公顷）及印度（1160 万公顷），此排位与 2017 年保持一致。2018 年，五大转基因作物种植国的平均转基因作物种植率持续增加并接近饱和，美国为 93.3%（大豆、玉米和油菜的平均应用率），巴西为 93%，阿根廷接近 100%，加拿大为 92.5%，印度为 95%。这些国家转基因作物种植面积的扩大将通过随时批准和商业化新的转基因作物和性状来实现，以解决气候变化和新的病虫害带来的问题。另外，有 44 个国家/地区进口了用于食品、饲料和加工的转基因作物。

全球种植最多的四大转基因作物为大豆、玉米、棉花和油菜。与 2017 年相比，除玉米种植面积有所下滑外，其他三种转基因作物种植面积均有所增长。转基因大豆的种植面积最大，为 9590 万公顷，比 2017 年的 9410 万公顷增加了 2%，占全球转基因作物总种植面积的 50%。从转基因作物采用率来看，2018 年，转基因大豆种植面积占大豆总种植面积的比例为 78%，转基因棉花为 76%，转基因玉米的应用率为 30%，转基因油菜为 29%。

中国作为六大"转基因作物创始国"之一，与美国、阿根廷及加拿大一样，在 1996 年率先开展了转基因作物的商业化，那也是全球转基因作物商业化的第一年。从 1997 年至 2017 年，中国已经批准了 64 种转基因作物用作食物、饲料及种植作物，其中包括：阿根廷油菜籽（12 项）、棉花（11 项）、玉米（18 项）、木瓜（1 项）、矮牵牛（1 项）、白杨树（2 项）、大米（2 项）、大豆（12 项）、甜菜（1 项）、甜辣椒（1 项）和番茄（3 项）。但批准商业化生产的作物只有转基因抗虫棉和抗病毒番木瓜两种（ISAAA，2018）。

从 1997 年起，中国成为抗虫棉[IR（Bt）Cotton]主要种植国家之一，从 1998 年的 26 万公顷增加到 2013 年的最大种植面积 460 万公顷，之后开始慢慢减少。2017 年，中国棉花种植总面积约为 292 万公顷，其中抗虫棉的种植面积大约为 278 万公顷，采用率达到 95%。我国从 2006 年也开始种植少量的转基因木瓜，2017 年抗病毒木瓜种植面积有 7130 公顷，比 2016 年减少了 17%，主要种植在广东省、海南岛和广西省，平均采用率维持在 86%。

据联合国粮食及农业组织 2014 年统计，中国是世界上最大的马铃薯生产国，每年产出量超过 9560 万吨。2015 年 1 月，中国农业科学院、国家食物与营养咨询委员会、中国种子协会举办的马铃薯主粮化发展战略研讨会指出：马铃薯主粮化开发，是深入贯彻中央关于促进农业调结构、转方式、可持续发展的重要举措，是新形势下保障国家粮食安全、促进农民持续增收的积极探索（农业部新闻办公室，2015）。与其他主食相比，马铃薯具有储存方便、产率高、种植要求低、营养价值高和易于实现机械耕种的优点，是继大米、玉米和小麦后的第四种主食，也是工业淀粉的主要来源。2013年，中国开始重点关注转基因马铃薯的研究，旨在通过科学手段，多方面提高马铃薯的产率、疾病抵抗能力、营养价值和淀粉含量。在我国，转基因马铃薯目前尚未进行商品化生产。

自1997年以来，中国一直在种植转基因抗虫棉。抗虫棉具有更高产量并且能够极大地减少杀虫剂的使用以及减少喷洒农药所需的人力、物力，这项技术已惠及600万～700万名农民。据估计，从1997年到2016年，中国通过种植转基因棉花增长了近196.4亿美元的农业收入，其中仅2016年一年就增加了9.9亿美元（ISAAA，2018）。

中国科学院农业政策研究中心2000年的一项研究表明，每生产一千克棉花，常规棉的成本比抗虫棉高0.84元（苏军等，2000）。此外，抗虫棉的推广降低了棉铃虫种群数量，从而使非抗虫棉种植户也减少了对杀虫剂的依赖（黄季焜等，2010）。

北京理工大学2016年发表了一项研究（Zhang et al.，2016），揭示了中国转基因作物的应用能够提高中国农民的健康水平，因为抗虫作物的种植虽然增加了草甘膦类农药的使用，但也减少了非草甘膦农药的使用。该研究旨在解释对转基因作物使用不同的杀虫剂与中国农民健康状况的联系。结果表明，农民健康指标没有一项是与草甘膦类农药有相关性的，而非草甘膦农药却会诱发肾功能不全疾病。另外，使用鳞翅目化学杀虫剂则与肝功能紊乱、炎症反应以及其他严重损伤相关联。研究认为，种植转基因作物可以使非草甘膦农药被草甘膦农药所取代，从而真正有利于中国以及全球农民的健康，这体现了转基因作物的有益之处。

《十八大以来重要文献选编（上册）》收录了若干篇此前未公开的习近平讲话文稿。其中，习近平2013年12月23日在中央农村工作会议上的讲话指出了对转基因问题的看法："在研究上要大胆，在推广上要慎重。转基因农作物产业化、商业化推广，要严格按照国家制定的技术规程规范进行，稳打稳扎，确保不出闪失，涉及安全的因素都要考虑到。要大胆研究创新，占领转基因技术制高点，不能把转基因农产品市场都让外国大公司占领了。"（习近平，2014）这表明，我国一方面重视加强转基因研究和革新，另一方面也重视对转基因作物安全的保障。

总体上，我国重视转基因作物的研究，在抗虫棉领域已走在世界先列；同时对转基因作物的种植与商业化十分慎重，制定了一系列标准和规范来确保转基因作物的安全性，如国务院颁布的《农业转基因生物安全管理条例》，以及农业部（2018 年 3 月撤销）制定实施的《农业转基因生物安全评价管理办法》、《农业转基因生物进口安全管理办法》、《农业转基因生物标识管理办法》和《农业转基因生物加工审批办法》等。

四、生物入侵

目前，入侵我国的外来生物种类很多，我国是遭受生物入侵最严重的国家之一。2019 年，在世界自然保护联盟入侵物种专家小组（ISSG）全球入侵物种数据库中检索到中国境内入侵物种已达 280 种，境内各区域入侵物种合计 641 条（含多区域重复出现的物种）[1]。在世界自然保护联盟入侵物种专家小组 2013 年更新的全球 100 种最具威胁的外来物种列表中，入侵中国的有 42 种（ISSG，2013），每年造成的经济损失巨大。例如，国家林业和草原局森林和草原病虫害防治总站（森林病虫害预测预报中心）发布的《全国主要林业有害生物 2018 年发生情况及 2019 年趋势预测》显示，我国的林业有害生物灾害发生面积已由 2000 年的 1.2 亿亩[2]上升到 2018 年的 1.819 亿亩。尽管 2018 年数据同比有所下降，但灾害仍属偏重水平（朱英，2019）。生物入侵给我国的国际贸易、农业生产、生态系统和人畜健康造成了严重影响。此外，近年来，我国潜在入侵物种截获频次急剧增加。据国家质量监督检验检疫总局统计，2016 年，全国进境口岸共计截获外来有害生物 6305 种、122 万次，种类数同比增加 1.8%，截获次数同比增加 15.97%。其中，检疫性有害生物 360 种、11.8 万次，首次截获检疫性有害生物 29 种（国家市场监管

---

[1] Global Invasive Species Database. http://www.iucngisd.org/gisd/search.php[2019-4-17].
[2] 1 亩≈666.7 米²。

总局，2017）。

第二节 中国生物安全战略与规划

一、国家安全战略

我国的国家安全战略首先是坚决捍卫我国国家领土主权的完整和统一，捍卫海洋权益。对国内，要确保政治和社会秩序的稳定，以经济建设为中心促进国内各项事业的发展、促进科技创新，加强国防建设、民族团结，增强我国的综合国力，为确保我国的国家安全夯实内部基础。对国外，一方面，反对各种形式的霸权主义和强权政治，维护并促进我国周边地区、亚太地区乃至世界范围内的和谐稳定，帮助促进第三世界国家经济发展，协助消除"贫困"这一滋生恐怖主义的温床；另一方面，要加强国际合作，在经济、科技、反恐、跨国犯罪、生态环境保护、跨国流行疾病等领域保持友好合作关系，推动建立新的多元化国际秩序，为保障我国国家安全提供外部保障。在此基础上，我国奉行不干涉别国内政也决不容许别国干涉我国内政的战略方针，这使得我国的国家安全战略显著区别于以美国为代表的进攻型、扩张型国家战略。2015 年，国家安全委员会出台的《国家生物安全政策》明确将生物安全纳入国家战略范畴，强调生物安全是攸关政权稳定、社会安定、公众健康、经济发展和国防建设的重大问题，已日益成为大国博弈的战略制高点。

二、国家生物安全相关规划

2016 年是国家"十三五"规划的开局之年。第十二届全国人民代表大会第四次会议表决通过了《中华人民共和国国民经济和社会发展第十三个五年规划纲要》，之后各部门相继出台了"十三五"规划，其中与生物安全相关规划见表 5-6。

表 5-6　我国生物安全相关规划

维度	规划名称
宏观	中华人民共和国国民经济和社会发展第十三个五年规划纲要 全国农村经济发展"十三五"规划 "十三五"国家战略性新兴产业发展规划 "十三五"推进基本公共服务均等化规划 国家突发事件应急体系建设"十三五"规划 国家中长期科学和技术发展规划纲要（2006—2020 年） "十三五"国家科技创新规划
生物技术	"十三五"生物技术创新专项规划 "十三五"生物产业发展规划
卫生	"十三五"卫生与健康规划 "十三五"卫生与健康科技创新专项规划 突发急性传染病防治"十三五"规划（2016—2020 年） 中国遏制与防治艾滋病"十三五"行动计划 "十三五"全国结核病防治规划
医药	"十三五"深化医药卫生体制改革规划 "十三五"国家药品安全规划
环境	国家环境保护"十三五"科技发展规划纲要 全国生态保护"十三五"规划纲要
食品	"十三五"国家食品安全规划

（一）《中华人民共和国国民经济和社会发展第十三个五年规划纲要》

《中华人民共和国国民经济和社会发展第十三个五年规划纲要》，根据《中共中央关于制定国民经济和社会发展第十三个五年规划的建议》编制，主要阐明国家战略意图，明确经济社会发展宏伟目标、主要任务和重大举措，是市场主体的行为导向，是政府履行职责的重要依据，是全国各族人民的共同愿景①。其中，与生物安全相关的内容如下。

推动战略前沿领域创新突破。具体规划原文："坚持战略和前沿导向，集中支持事关发展全局的基础研究和共性关键技术研究，更加重视原始创新和颠覆性技术创新。聚焦目标、突出重点，加快实施已有国家重大科技专项，部署启动一批新的重大科技项目。加快突破新一代信息通信、新能源、新材料、航空航天、生物医药、智能制造等领域核心技术。加强深海、深地、深空、深蓝等领域的战略高技术部署。围绕现代农业、城镇化、环境治理、健

---

① 中华人民共和国国民经济和社会发展第十三个五年规划纲要. http://www.npc.gov.cn/wxzl/gongbao/2016-07/08/content_1993756.htm[2019-4-17].

康养老、公共服务等领域的瓶颈制约，制定系统性技术解决方案。强化宇宙演化、物质结构、生命起源、脑与认知等基础前沿科学研究。积极提出并牵头组织国际大科学计划和大科学工程，建设若干国际创新合作平台。"

维护生物多样性。具体规划原文："实施生物多样性保护重大工程。强化自然保护区建设和管理，加大典型生态系统、物种、基因和景观多样性保护力度。开展生物多样性本底调查与评估，完善观测体系。科学规划和建设生物资源保护库圃，建设野生动植物人工种群保育基地和基因库。严防并治理外来物种入侵和遗传资源丧失。强化野生动植物进出口管理，严厉打击象牙等野生动植物制品非法交易。"

推进健康中国建设。具体规划原文："深化医药卫生体制改革，坚持预防为主的方针，建立健全基本医疗卫生制度，实现人人享有基本医疗卫生服务，推广全民健身，提高人民健康水平。"

加强重大疾病防治和基本公共卫生服务。具体规划原文："完善国家基本公共卫生服务项目和重大公共卫生服务项目，提高服务质量效率和均等化水平。提升基层公共卫生服务能力。加强妇幼健康、公共卫生、肿瘤、精神疾病防控、儿科等薄弱环节能力建设。实施慢性病综合防控战略，有效防控心脑血管疾病、糖尿病、恶性肿瘤、呼吸系统疾病等慢性病和精神疾病。加强重大传染病防控，降低全人群乙肝病毒感染率，艾滋病疫情控制在低流行水平，肺结核发病率降至 58/10 万，基本消除血吸虫病危害，消除疟疾、麻风病危害。做好重点地方病防控工作。加强口岸卫生检疫能力建设，严防外来重大传染病传入。开展职业病危害普查和防控。增加艾滋病防治等特殊药物免费供给。加强全民健康教育，提升健康素养。大力推进公共场所禁烟。深入开展爱国卫生运动和健康城市建设。加强国民营养计划和心理健康服务。"

保障食品药品安全。具体规划原文："实施食品安全战略。完善食品安全法规制度，提高食品安全标准，强化源头治理，全面落实企业主体责任，实施网格化监管，提高监督检查频次和抽检监测覆盖面，实行全产业链可追溯管理。开展国家食品安全城市创建行动。深化药品医疗器械审评审批制度改革，探索按照独立法人治理模式改革审评机构。推行药品经营企业分级分类管理。加快完善食品监管制度，健全严密高效、社会共治的食品药品安全治理体系。加大农村食品药品安全治理力度，完善对网络销售食品药品的监管。加强食品药品进口监管。"

（二）《全国农村经济发展"十三五"规划》

重农固本，是安民之基。"十三五"时期是全面建成小康社会的决胜阶段，拉长农业这条"四化同步"的短腿，补齐农村这块全面小康的短板，努力让农业强起来、农民富起来、农村美起来，解决好"三农"问题，始终是全党工作的重中之重（国家发展和改革委员会，2017a）。根据《中华人民共和国国民经济和社会发展第十三个五年规划纲要》的有关部署，国家发展改革委会同有关部门编制了《全国农村经济发展"十三五"规划》，其中与生物安全相关的内容如下。

强化农业科技创新和技术推广。具体规划原文："加强农业科技攻关。重点围绕生物育种、农机装备、智慧农业、生态环保等领域，组织实施农业科技创新重点专项和工程，全面提高自主创新能力。加强农业转基因生物技术研发和监管。健全农业科技创新激励机制，推进科研成果使用、处置、收益管理和科技人员股权激励改革。"

加强动植物疫病和灾害防控。具体规划原文："加强植物病虫害防治和动物疫病防控能力建设，推进农作物病虫害联防联控、统防统治和绿色防控。加强动物疫病区域化管理，推进无规定动物疫病区和生物安全隔离区建设，完善重大动物疫病强制免疫和扑杀补偿政策，积极推进病死畜禽无害化处理。加强和规范兽药使用管理，提高兽医工作服务水平。强化边境、口岸及主要物流通道检验检疫能力，严防外来有害物种和疫病入侵。加强草原灾害监测和防灾设施建设，完善饲草料储备制度，提高牧区防灾减灾能力。"

提升农村公共服务水平。具体规划原文："整合城乡居民基本医疗保险制度，健全全民医保体系。全面开展城乡居民大病保险，加快推进基本医保异地就医结算。加强农村基层基本医疗、公共卫生能力和乡村医生队伍建设，发展惠及农村的远程会诊系统。"

加强生物多样性保护。具体规划原文："强化自然保护区建设与管理，探索建立以自然生态资源保护为核心的国家公园体制。加强已建自然保护区整合，建立生态廊道，增强自然保护区间的联通性。加强极小种群、极度濒危物种和大熊猫、亚洲象、虎、豹等重要野生动植物生境和栖息地保护和恢复，以及林木种质资源保护，实施濒危野生动植物抢救性保护和修复，建设救护繁育中心和基因库。加强涉及自然保护区开发建设项目管理，强化监督检查。充分发挥自然保护区的生态环境保护宣传教育、自然科学普及平台功能，加强自然保护区科研、管理等专业人员培训。"

（三）《"十三五"国家战略性新兴产业发展规划》

战略性新兴产业代表新一轮科技革命和产业变革的方向，是培育发展新动能、获取未来竞争新优势的关键领域。"十三五"时期，要把战略性新兴产业摆在经济社会发展更加突出的位置，大力构建现代产业新体系，推动经济社会持续健康发展（国务院，2016a）。《"十三五"国家战略性新兴产业发展规划》根据《中华人民共和国国民经济和社会发展第十三个五年规划纲要》的有关部署编制。其中与生物安全相关的内容摘录如下（表5-7）。

1. 加快生物产业创新发展步伐，培育生物经济新动力

依托并整合现有资源，建设一批创新基础平台，支持基因库、干细胞库、中药标准库、高级别生物安全实验室、蛋白元件库等建设。加快推动构建一批转化应用平台，推进抗体筛选平台、医学影像信息库、农作物分子育种平台等载体建设。积极发展一批检测服务平台，推进仿制药一致性评价技术平台、生物药质量及安全测试技术创新平台、农产品安全质量检测平台、生物质能检验检测及监测公共服务平台等建设，完善相关标准。

2. 超前布局战略性产业，培育未来发展新优势

构建基于干细胞与再生技术的医学新模式。加快布局体细胞重编程科学技术研发，开发功能细胞获取新技术。完善细胞、组织与器官的体内外生产技术平台与基地。规范干细胞与再生领域法律法规和标准体系，完善知识产权评估与转化机制，持续深化干细胞与再生技术临床应用。发展肿瘤免疫治疗技术。

推进基因组编辑技术研发与应用。建立具有自主知识产权的基因组编辑技术体系，开发针对重大遗传性疾病、感染性疾病、恶性肿瘤等的基因治疗新技术。建立相关动物资源平台、临床研究及转化应用基地，促进基于基因组编辑研究的临床转化和产业化发展。

加强合成生物技术研发与应用。突破基因组化学合成、生物体系设计

再造、人工生物调控等关键技术，研究推进人工生物及人工生物器件临床应用和产业化。推动生物育种、生态保护、能源生产等领域颠覆性技术创新，构建基础原料供给、物质转化合成、民生服务新模式，培育合成生物产业链。

表 5-7　生物安全相关的重点任务分工方案

序号	重点工作	负责部门
1	构建生物医药新体系，组织实施新药创制与产业化工程	国家发展改革委、工业和信息化部、科学技术部（简称科技部）、国家卫生计生委、财政部、国家食品药品监督管理总局、国家中医药管理局等按职责分工负责
2	提升生物医学工程发展水平，组织实施生物技术惠民工程	国家发展改革委、工业和信息化部、国家卫生计生委、国家食品药品监督管理总局、财政部、国家中医药管理局、国家海洋局等按职责分工负责
3	加速生物农业产业化发展	农业部、国家发展改革委、科技部等按职责分工负责
4	推进生物制造技术向化工、材料、能源等领域渗透应用	国家发展改革委、工业和信息化部、科技部等按职责分工负责
5	培育生物服务新业态	国家发展改革委、工业和信息化部、国家卫生计生委等按职责分工负责
6	组织实施生物产业创新发展平台建设工程	国家发展改革委牵头，科技部、工业和信息化部、财政部、国家卫生计生委、国家食品药品监督管理总局、国家质量监督检验检疫总局、国家海洋局等按职责分工负责
7	创新生物能源发展模式	国家能源局、国家发展改革委、科技部、财政部、农业部、国家海洋局等按职责分工负责

（四）《"十三五"推进基本公共服务均等化规划》

该规划依据《中华人民共和国国民经济和社会发展第十三个五年规划纲要》编制，是"十三五"乃至更长一段时期推进基本公共服务体系建设的综合性、基础性、指导性文件（国务院，2017a）。其中与生物安全相关的内容摘录如下（表 5-8）。

1. 重大疾病防治和基本公共卫生服务

继续实施国家基本公共卫生服务项目和国家重大公共卫生服务项目。开展重大疾病和突发急性传染病联防联控，提高对传染病、慢性病、精神障碍、地方病、职业病和出生缺陷等的监测、预防和控制能力。

加强卫生应急、疾病预防控制、精神卫生、血站、卫生计生监督能力建设。

2. 食品药品安全

实施食品安全战略，完善法规制度，提高安全标准，全面落实企业主体责任，提高监督检查频次，扩大抽检监测覆盖面，实行全产业链可追溯管理。深化药品医疗器械审评审批制度改革，探索按照独立法人治理模式改革审评机构，推行药品经营企业分级分类管理。加大农村食品药品安全治理力度，完善对网络销售食品药品的监管。

食品药品安全治理体系建设。完善食品安全协调工作机制，健全检验检测等技术支撑体系和信息化监管系统，建立食品药品职业化检查员队伍，实现各级监管队伍装备配备标准化。

表 5-8　与生物安全相关的国家基本公共服务清单

序号	服务项目	服务对象	服务指导标准	支出责任	牵头负责单位
1	预防接种	0~6岁儿童和其他重点人群	在重点地区，对重点人群进行针对性接种国家免疫规划疫苗。以乡镇（街道）为单位，适龄儿童免疫规划疫苗接种率逐步达到90%以上	地方人民政府负责，中央财政适当补助	国家卫生计生委
2	传染病及突发公共卫生事件报告和处理	法定传染病病人、疑似病人、密切接触者和突发公共卫生事件伤病员及相关人群	就诊的传染病病例和疑似病例以及突发公共卫生事件伤病员及时得到发现、登记、报告，提供传染病防治和突发公共卫生事件防范知识宣传和咨询服务。传染病报告率和报告及时率均达到95%，突发公共卫生事件相关信息报告率达到100%	地方人民政府负责，中央财政适当补助	国家卫生计生委
3	结核病患者健康管理	辖区内确诊的肺结核患者	提供肺结核筛查及推介转诊、入户随访、督导服药、结果评估等服务。结核病患者健康管理服务率逐步达到90%	地方人民政府负责，中央财政适当补助	国家卫生计生委
4	人类免疫缺陷病毒感染者和病人随访管理	人类免疫缺陷病毒感染者和病人	在医疗卫生机构指导下，为人类免疫缺陷病毒感染者和病人提供随访服务。感染者和病人规范管理率逐步达到90%	地方人民政府负责，中央财政适当补助	国家卫生计生委、国家中医药管理局
5	社区艾滋病高危人群干预	艾滋病性传播高危行为人群	为艾滋病性传播高危行为人群提供综合干预措施。干预措施覆盖率逐步达到90%	地方人民政府负责，中央财政适当补助	国家卫生计生委
6	食品药品安全保障	城乡居民	对供应城乡居民的食品药品开展监督检查，及时发现并消除风险。对药品医疗器械实施风险分类管理，提高对高风险对象的监管强度	中央的地方人民政府分类负责	国家食品药品监督管理总局

（五）《国家突发事件应急体系建设"十三五"规划》

《国家突发事件应急体系建设"十三五"规划》根据《中华人民共和国突发事件应对法》《中华人民共和国国民经济和社会发展第十三个五年规划纲要》等法律法规和相关文件制定（国务院，2017b），其中与生物安全相关的内容摘录如下。

1. 加强应急管理基础能力建设

健全公共卫生、食品药品安全检验检测和风险防控体系，提高突发急性传染病、重大动植物疫情、食品安全突发事件、药品不良反应和医疗器械不良事件、农产品质量安全突发事件等早期预防和及时发现能力，强化风险沟通。

强化突发急性传染病预防预警措施，不断改进监测手段，健全风险评估和报告制度，推进突发急性传染病快速检测技术平台建设，提高及时发现和科学预警能力。

健全食品安全突发事件信息直报和舆情监测网络体系，整合食品安全风险监测、监督抽检和食用农产品风险监测、监督抽检数据，建立完善预警分析模型和系统，提高食品安全监测预警能力。

2. 强化基层应急管理能力

继续推进基层应急队伍建设。依托地方优势救援力量和民兵等，推进"专兼结合、一队多能"的综合性乡镇应急队伍建设，加强通信等装备配备和物资储备。发展灾害信息员、气象信息员、群测群防员、食品药品安全联络员、网格员等应急信息员队伍，加强综合性业务培训，鼓励"一员多职"，给予必要经费补助。加强民兵应急力量建设。

规范"安全社区""综合减灾示范社区""消防安全社区""地震安全示范社区""卫生应急综合示范社区""平安社区"等创建工作，完善相关创建标准规范，提高社区应急规范化水平。

3. 加强核心应急救援能力建设

强化公安、军队和武警突击力量应急能力建设，支持重点行业领域专业应急队伍建设，形成我国突发事件应对的核心力量，承担急难险重抢险救援使命。

4. 提高重点行业领域专业应急救援能力

加强突发急性传染病防控队伍建设；推广实验室快速检测，推动生物安全四级实验室建设，完善国家级突发急性传染病检测平台和高等级生物安全实验室网络，强化对突发急性传染病已知病原体全面检测和未知病原体快速筛查能力。

加强食品安全应急检验检测能力建设，依托现有机构确定一批食品安全应急检验检测中心（实验室），加强装备配备，建立应急检验检测绿色通道，提升快速检测能力。

加强核生化物质监测、现场筛查和实验室分析能力建设，提高生物威胁监测预警、检测鉴定、应急处置和预防控制能力。

5. 加强综合应急保障能力建设

统筹利用社会资源，加快新技术应用，推进应急协同保障能力建设，进一步完善应急平台、应急通信、应急物资和紧急运输保障体系。

6. 加强社会协同应对能力建设

强化公众自防自治、群防群治、自救互救能力，支持引导社会力量规范有序参与应急救援行动，完善突发事件社会协同防范应对体系。

7. 进一步完善应急管理体系

完善应急管理法律法规和标准体系；进一步完善应急管理组织体系；进一步完善应急管理工作机制；进一步完善应急预案体系。

8. 国家公共安全应急体验基地建设

依托中央企业现有资源，模拟地震、海啸、洪涝、地质灾害、火灾、溺水、交通事故、电梯事故、危险化学品事故、矿山事故、紧急救护、突发急性传染病疫情、家居安全等灾害和应急场景，并采用声光电和多媒体等技术，建设基于真实三维环境的突发事件模拟仿真设施、沉浸式体验设施、应急装备模拟操作设施、应急自救互救技能演示和训练设施等，建成科普展示、虚拟体验和实训演练的公共安全应急体验基地。

（六）《国家中长期科学和技术发展规划纲要（2006—2020 年）》

党的十六大从全面建设小康社会、加快推进社会主义现代化建设的全局出发，要求制定国家科学和技术长远发展规划，国务院据此制定《国家中长期科学和技术发展规划纲要（2006—2020 年)》(国务院，2006)。其中与生物安全相关的内容摘录如下。

1. 农业

（1）发展思路。①以高新技术带动常规农业技术升级，持续提高农业综合生产能力。重点开展生物技术应用研究，加强农业技术集成和配套，突破主要农作物育种和高效生产、畜牧水产育种及健康养殖和疫病控制关键技术，发展农业多种经营和复合经营，在确保持续增加产量的同时，提高农产品质量。②延长农业产业链，带动农业产业化水平和农业综合效益的全面提高。重点发展农产品精深加工、产后减损和绿色供应链产业化关键技术，开发农产品加工先进技术装备及安全监测技术，发展以健康食品为主导的农产品加工业和现代流通业，拓展农民增收空间。③综合开发农林生态技术，保障农林生态安全。重点开发环保型肥料、农药创制技术及精准作业技术装备，发展农林剩余物资源化利用技术，以及农业环境综合整治技术，促进农业新兴产业发展，提高农林生态环境质量。④积极发展工厂化农业，提高农业劳动生产率。重点研究农业环境调控、超高产高效栽培等设施农业技术，开发现代多功能复式农业机械，加快农业信息技术集成应用。

（2）优先主题。①畜禽水产健康养殖与疫病防控：重点研究开发安全优质高效饲料和规模化健康养殖技术及设施，创制高效特异性疫苗、高效安全型兽药及器械，开发动物疫病及动物源性人畜共患病的流行病学预警监测、检疫诊断、免疫防治、区域净化与根除技术，突破近海滩涂、浅海水域养殖和淡水养殖技术，发展远洋渔业和海上贮藏加工技术与设备。②农林生态安全与现代林业：重点研究开发农林生态系统构建技术，林草生态系统综合调控技术，森林与草原火灾、农林病虫害特别是外来生物入侵等生态灾害及气象灾害的监测与防治技术，生态型林产经济可持续经营技术，人工草地高效建植技术和优质草生产技术，开发环保型竹木基复合材料技术。③环保型肥料、农药创制和生态农业：重点研究开发环保型肥料、农药创制关键技术，专用复（混）型缓释、控释肥料及施肥技术与相关设备，综合、高效、持久、安全的有害生物综合防治技术，建立有害生物检测预警及防范外来有害生物入侵体系；发展以提高土壤肥力，减少土壤污染、水土流失和退化草场功能恢复为主的生态农业技术。

2. 公共安全

（1）发展思路。①加强对突发公共事件快速反应和应急处置的技术支持。以信息、智能化技术应用为先导，发展国家公共安全多功能、一体化应急保障技术，形成科学预测、有效防控与高效应急的公共安全技术体系。②提高早期发现与防范能力。重点研究煤矿等生产事故、突发社会安全事件和自然灾害、核安全及生物安全等的监测、预警、预防技术。③增强应急救护综合能力。重点研究煤矿灾害、重大火灾、突发性重大自然灾害、危险化学品泄漏、群体性中毒等应急救援技术。④加快公共安全装备现代化。开发保障生产安全、食品安全、生物安全及社会安全等公共安全重大装备和系列防护产品，促进相关产业快速发展。

（2）优先主题。①国家公共安全应急信息平台：重点研究全方位无障碍危险源探测监测、精确定位和信息获取技术，多尺度动态信息分析处理和优化决策技术，国家一体化公共安全应急决策指挥平台集成技术等，构建国家公共安全早期监测、快速预警与高效处置一体化应急决策指挥平台。②食品安全与出入境检验检疫：重点研究食品安全和出入境检验检疫风险评估、污染物溯源、安全标准制定、有效监测检测等关键技术，开发食物污染防控智能化技术和高通量检验检疫安全监控技术。③突发公共事件防范与快速处置：重点研究开发个体生物特征识别、物证溯源、快速筛查与证实技术以及模拟预测技术，远程定位跟踪、实时监控、隔物辨识与快速处置技术及装备，高层和地下建筑消防技术与设备，爆炸物、毒品等违禁品与核生化恐怖源的远程探测技术与装备，以及现场处置防护技术与装备。④生物安全保障：重点研究快速、灵敏、特异监测与探测技术，化学毒剂在体内代谢产物检测技术，新型高效消毒剂和快速消毒技术，滤毒防护技术，危险传播媒介鉴别与防治技术，生物入侵防控技术，用于应对突发生物事件的疫苗及免疫佐剂、抗毒素与药物等。

（七）《"十三五"国家科技创新规划》

《"十三五"国家科技创新规划》依据《中华人民共和国国民经济和社会发展第十三个五年规划纲要》、《国家创新驱动发展战略纲要》和《国家中长期科学和技术发展规划纲要（2006—2020 年）》编制，主要明确"十三五"时期科技创新的总体思路、发展目标、主要任务和重大举措，是国家在科技创新领域的重点专项规划，是我国迈进创新型国家行列的行动指南（国务院，2016b）。其中与生物安全相关的内容摘录如下。

1. 实施关系国家全局和长远的重大科技项目

1）深入实施国家科技重大专项

（1）转基因生物新品种培育。加强作物抗虫、抗病、抗旱、抗寒基因技术研究，加大转基因棉花、玉米、大豆研发力度，推进新型抗虫棉、抗虫玉米、抗除草剂大豆等重大产品产业化，强化基因克隆、转基因操作、生物安全新技术研发，在水稻、小麦等主粮作物中重点支持基于非胚乳特异性表达、基因组编辑等新技术的性状改良研究，使我国农业转基因生物研究整体水平跃居世界前列，为保障国家粮食安全提供品种和技术储备。建成规范的生物安全性评价技术体系，确保转基因产品安全。

（2）重大新药创制。围绕恶性肿瘤、心脑血管疾病等 10 类（种）重大疾病，加强重大疫苗、抗体研制，重点支持创新性强、疗效好、满足重要需求、具有重大产业化前景的药物开发，以及重大共性关键技术和基础研究能力建设，强化创新平台的资源共享和开放服务，基本建成具有世界先进水平的国家药物创新体系，新药研发的综合能力和整体水平进入国际先进行列，加速推进我国由医药大国向医药强国转变。

（3）艾滋病和病毒性肝炎等重大传染病防治。突破突发急性传染病综合防控技术，提升应急处置技术能力；攻克艾滋病、乙肝、肺结核诊防治关键技术和产品，加强疫苗研究，研发一批先进检测诊断产品，提高艾滋病、乙肝、肺结核临床治疗方案有效性，形成中医药特色治疗方案。形成适合国情的降低"三病两率"综合防治新模式，为把艾滋病控制在低流行水平、乙肝由高流行区向中低流行区转变、肺结核新发感染率和病死率降至中等发达国家水平提供支撑。

2）部署启动新的重大科技项目

（1）种业自主创新。以农业植物、动物、林木、微生物四大种业领域为重点，重点突破杂种优势利用、分子设计育种等现代种业关键技术，为国家粮食安全战略提供支撑。

（2）健康保障。围绕健康中国建设需求，加强精准医学等技术研发，部署慢性非传染性疾病、常见多发病等疾病防控，生殖健康及出生缺陷防控研究，加快技术成果转移转化，推进惠民示范服务。

2. 构建具有国际竞争力的现代产业技术体系

1）发展高效安全生态的现代农业技术

以加快推进农业现代化、保障国家粮食安全和农民增收为目标，深入实施藏粮于地、藏粮于技战略，超前部署农业前沿和共性关键技术研究。以做大做强民族种业为重点，发展以动植物组学为基础的设计育种关键技术，培育具有自主知识产权的优良品种，开发耕地质量提升与土地综合整治技术，从源头上保障国家粮食安全；以发展农业高新技术产业、支撑农业转型升级为目标，重点发展农业生物制造、农业智能生产、智能农机装备、设施农业等关键技术和产品；围绕提高资源利用率、土地产出率、劳动生产率，加快转变农业发展方式，突破一批节水农业、循环农业、农业污染控制与修复、盐碱地改造、农林防灾减灾等关键技术，实现农业绿色发展。力争到2020年，建立信息化主导、生物技术引领、智能化生产、可持续发展的现代农业技术体系，支撑农业走出产出高效、产品安全、资源节约、环境友好的现代化道路。

2）发展先进高效生物技术

瞄准世界科技前沿，抢抓生物技术与各领域融合发展的战略机遇，坚持超前部署和创新引领，以生物技术创新带动生命健康、生物制造、生物能源等创新发展，加快推进我国从生物技术大国到生物技术强国的转变。重点部署前沿共性生物技术、新型生物医药、绿色生物制造技术、先进生物医用材料、生物资源利用、生物安全保障、生命科学仪器设备研发等任务，加快合成生物技术、生物大数据、再生医学、3D（三维）生物打印等引领性技术的创新突破和应用发展，提高生物技术原创水平，力争在若干领域取得集成性突破，推动技术转化应用并服务于国家经济社会发展，大幅提高生物经济国际竞争力。

3）发展现代食品制造技术

遵循现代食品制造业高科技、智能化、多梯度、全利用、低能耗、高效益、可持续的国际发展趋势，围绕标准化加工、智能化控制、健康型消费等重大产业需求，以现代加工制造为主线，加快高效分离、质构重组、物性修饰、生物制造、节能干燥、新型杀菌等工程化技术研发与应用；攻克连续化、自动化、数字化、工程化成套装备制造技术，突破食品产业发展的装备制约；重视食品质量安全，聚焦食品源头污染问题日益严重、过程安全控制能力薄弱、监管科技支撑能力不足等突出问题，重点开展监测检测、风险评估、溯源预警、过程控制、监管应急等食品安全防护关键技术研究；围绕发展保鲜物流，开展智能冷链物流、绿色防腐保鲜、新型包装控制、粮食现代储备、节粮减损等产业急需技术研发；以营养健康为目标，突破营养功能组分稳态化保持与靶向递送、营养靶向设计与健康食品精准制造、主食现代化等高新技术。力争到 2020 年，在营养优化、物性修饰、智能加工、低碳制造、冷链物流、全程控制等技术领域实现重大突破，形成较为完备的现代食品制造技术体系，支撑我国现代食品制造业转型升级和持续发展。

3. 发展保障国家安全和战略利益的技术体系

发展维护国家安全和支撑反恐的关键技术。强化科技对国家应对传统安全和非传统安全紧迫需求的支撑，支持信息安全、网络安全、生物安全、反恐、保密等方面关键核心技术研发。

（八）《"十三五"生物技术创新专项规划》

当前，生物技术在引领未来经济社会发展中的战略地位日益凸显。现代生物技术的一系列重要进展和重大突破正在加速向应用领域渗透，在革命性解决人类发展面临的环境、资源和健康等重大问题方面展现出巨大前景。生物技术产业正加速成为继信息产业之后的又一个新的主导产业，将深刻地改变世界经济发展模式和人类社会生活方式，并引发世界经济格局的重大调整和国家综合国力的重大变化。抢占生物技术和生物技术产业的战略制高点，打造国家科技核心竞争力和产业优势，事关重大、事关全局、事关长远。根据《中华人民共和国国民经济和社会发展第十三个五年规划纲要》、《国家创新驱动发展战略纲要》、《"十三五"国家科技创新规划》和《中国制造 2025》等战略部署的要求，为加快推进生物技术与生物技术产业发展，科学技术部编制了《"十三五"生物技术创新专项规划》（科学技术部，2017a）。其中与生物安全相关的主要内容摘录如下。

1. 突破若干前沿关键技术

1）合成生物技术

突破人工生命元器件、基因线路和生物计算、人工生命体、人工多细胞体系设计构建调控原理，发展大片段 DNA 和人工基因组设计合成技术，设计构建重大疾病诊疗、光能和电能利用、固氮或固碳，或具有重要理论意义的人工合成生命系统，构建 DNA 合成与组装、生物计算与设计、元件模块底盘库共享平台，以及可生产化学品、材料、天然产物、药物、生物能源的人工细胞工厂，抢占合成生物学战略制高点，引领以绿色生物制造、现代生物治疗等为代表的新型生物经济发展。

2）微生物组技术

研究人体微生物组与人群健康的关系，挖掘其中关键微生物组性状和关键基因群，开展人体营养相关的微生物组研究，开发相关产品；开展植物共生、根际和土壤微生物组的研究，研发农用微生物菌剂和环保用微生物菌剂；开展禽畜类和水产经济动物益生菌剂与肠道微生物组研究及产品开发；研究工业、环境、海洋微生物组和功能调控等技术与产品。开发高通量和高精度的处理微生物组数据的计算方法和生物信息学技术，建立相关数据中心和技术平台，进行大规模微生物组数据整合及挖掘。

2. 支撑重点领域发展

1）免疫治疗、基因治疗等现代生物治疗技术

加强免疫检查点抑制剂、基因治疗、免疫细胞治疗等生物治疗相关的原创性研究，突破免疫细胞获取与存储、免疫细胞基因工程修饰技术、生物治疗靶标筛选、新型基因治疗载体研发等产品研发及临床转化的关键技术，提升我国生物治疗的产业发展和国际竞争力。

2）新型疫苗、抗体等重大生物制品研制

重点突破疫苗分子设计、多联多价设计、工程细胞构建、抗体工程优化、

新释药系统及新制剂、规模化分离制备、效果评价等关键技术和瓶颈技术，加快新型疫苗、抗体、血液制品等重大生物制品的研发。

3）新一代工业发酵技术

建立工业菌种定向改造技术、高通量筛选技术、发酵基因组分析技术、生物合成途径的人工构建技术、智能发酵控制技术及产品分离纯化技术，发展动植物细胞大规模培养的理论体系，形成大宗化学品、精细化学品、营养化学品、天然产物生物合成等新一代发酵技术，突破国外的专利垄断，全面提升我国发酵产业的技术水平与国际竞争力。

4）生物化工核心技术装备

开展菌种筛选、生物发酵、过程检测、生物分离精制等发酵装备体系的研制开发，形成高通量筛查技术装备、单细胞分析装备、新型生物发酵传感器、微型生物反应器等新技术仪器装备，建立我国新一代生物化工技术与产业的核心技术装备体系，提高相关装备国产化水平。

5）战略性生物资源保护与保藏关键技术

以发展国家生物资源保护和保藏技术为重点，建立和完善我国生物资源管理和质量控制的标准体系，全面盘点、整合和规范国内各类应用生物资源的保藏和保护，建立生物资源材料的交换、备份和共享机制；应用分子标记技术，联合开展生物资源的快速鉴定和具有自主知识产权的资源保护工作，有效扩大生物资源储备和加强开放共享；充分利用我国中医药宝库，发展以组学、合成生物学和系统生物学为特征的生物技术，推动药食同源等健康产业的发展，提升生物资源持续利用的研发与产业转化的核心竞争力。

6）生物安全

针对维护国家生物安全的重大需求，以及我国面临的现实与潜在的生物安全威胁，研发建立生物安全风险评估、监测预警、识别溯源、应急处置、预防控制和效果评价的技术、方法、装备和产品，解决我国生物安全领域的关键技术瓶颈与重要科学问题，构建高度整合的生物安全威胁防御系统，实现"安全评估、快速检定、可靠溯源、事后评估、能防能治"的目标。

3. 推进创新平台建设

以维护国家生物数据主权为目标，集中国家生命科学和信息科学等多领域的优势力量，整合国内现有生物信息数据资源，推进具有国际竞争力的国家生物信息中心的建设，研发具有自主知识产权、高质量的数据管理与信息共享平台系统，以及面向海量生物信息数据资源的信息检索、数据挖掘、数据分析、注释与可视化等具有服务功能的专业软件等产品，形成规范化的生物数据分析管理技术体系与国家标准，满足我国生物领域研发数据汇聚管理与共享利用的重大需求，统筹管理和合理利用国家生物数据战略资源，提升大数据时代我国生物领域数据资源的分析服务能力，开创我国生物数据资源组织管理与共享利用里程碑式新局面。

4. 推动生物技术产业发展

1）构建技术转移服务体系

构建以生物技术成果转移转化为核心的技术转移服务体系，提升生物技术成果转化水平，系统建立国家生物技术成果目录，定期向社会发布相关成果；完善生物技术转移服务体系，培育一批运营机制灵活、专业人才集聚、服务能力突出、具有国际影响力的生物技术转移机构；围绕京津冀、长三角、珠三角等高校和科研院所密集的地区，开展体制机制改革和政策先行先试，建立生物技术合同成交额过 100 亿元的生物技术成果转移转化示范区，使生物技术创新体系更加完善，显著提升生物技术产业竞争力。促进科技成果向市场及产业的转移，鼓励专业的生物技术服务机构，推动生物技术服务业的发展。

2）加快专业化园区建设

依托国家高新园区，遴选若干产业集中度高、科研资源和创新活动高度集聚、成果产出和转化能力强、科技金融体系完备的优势地区，大力推进专业园区建设；建立创新专业园区管理机制，省部会商机制，找准国家创新战略与区域经济发展的结合点，协同推进园区发展；加强部门联动探索，制定有利于园区发展的政策措施；建设生物技术园区联盟，促进成员单位间的经验分享和成果交流，优化不同地域园区间的发展布局及产业特色。

（九）《"十三五"生物产业发展规划》

生物产业是 21 世纪创新最为活跃、影响最为深远的新兴产业，是我国战略性新兴产业的主攻方向，对于我国抢占新一轮科技革命和产业革命制高点，加快壮大新产业、发展新经济、培育新动能，建设"健康中国"具有重要意义。根据《中华人民共和国国民经济和社会发展第十三个五年规划纲要》和《"十三五"国家战略性新兴产业发展规划》,为加快推动生物产业成为国民经济的支柱产业,国家发展和改革委员会会同有关单位编制了《"十三五"生物产业发展规划》(国家发展和改革委员会,2017b)。其中与生物安全相关的内容摘录如下。

1. 构建生物医药新体系

加速新药创制和产业化。以临床用药需求为导向,依托高通量测序、基因组编辑、微流控芯片等先进技术,促进转化医学发展,在肿瘤、重大传染性疾病、神经精神疾病、慢性病及罕见病等领域实现药物原始创新。加快创制新型抗体、蛋白及多肽等生物药。发展治疗性疫苗,核糖核酸(RNA)干扰药物,适配子药物,以及干细胞、嵌合抗原受体 T 细胞免疫疗法(CAR-T)等生物治疗产品。

2. 提升生物医学工程发展水平

提供快速准确便捷检测手段。针对急性细菌感染、病毒感染等重大传染性疾病,包括外来重大传染性疾病的检测需求,加速现场快速检测的体外诊断仪器、试剂和试纸的研发和产业化。

3. 加速生物农业产业化发展

加速推动以品牌塑造为核心的企业兼并与重组,围绕产出高效、产品安全、资源节约、环境友好的发展目标,构建现代农业高效绿色发展新体系,在生物种业、生物农药、生物兽药、生物饲料和生物肥料等新产品开发与应用方面取得重大突破,大幅提升生物农业竞争力。到 2020 年,力争实现生物农业总产值 1 万亿元,2 家以上领军企业进入全球种业前 10 强。

1)构建生物种业自主创新发展体系

开展基因组编辑、全基因组选择、细胞工程、高能离子诱变、航天生物工程等前沿核心技术的创新与应用,加速新材料的创制和育种元件的组装改良,实现由传统经验育种向科学精准育种的升级转化;研制和推广一批优质、高产、营养、安全、资源高效利用、适应标准化生产的农业动植物新品种;稳步推进转基因生物新品种产业化;形成一批以企业为主体的生物种业自主创新平台，打造具有核心竞争力的"育繁推一体化"现代生物种业企业，加快农业动植物新品种产业化和市场化。

2）推动农业生产绿色转型

开发基于分子靶标病害精准防控、植物免疫诱导、动物疫苗分子设计新技术，建立基于病虫基因组信息的绿色农药、兽药创制技术体系；开发安全、高效的活载体基因工程多价疫苗，研制用于不同畜禽疫病防控的生物治疗制剂；革新动物用基因工程抗体大规模生产、纯化等抗体制备技术与工艺，创制一批新型动物疫苗、生物兽药、动物疫病诊断检测试剂、植物新农药等重大产品，实现规模生产与应用。开发绿色、安全、高效的新型海洋生物功能制品。

3）开发动植物营养新产品

建立功能分子的安全高效分泌表达系统，创制可替代抗生素的新型绿色生物饲料和饲料添加剂产品，实现产业化；突破微生物和生物功能物质筛选与评价、高密度高含量发酵与智能控制、新材料配套增效等关键技术，创制和推广一批高效固氮解磷、促生增效、新型复合及专用等绿色高效生物肥料新产品；深度挖掘海洋基因资源，开辟综合利用新途径，培育生物农业新产业。

4. 拓展惠及民生新应用

建设基因技术服务中心。基因技术应用示范中心以高通量基因测序、质谱、医学影像、基因组编辑、生物合成等技术为主，重点开展出生缺陷基因筛查、诊治，肿瘤早期筛查及用药指导，传染病与病原微生物检测，新生儿基因身份证应用，使我国初步实现基因技术服务能力全面覆盖，为个体化医疗奠定坚实基础。

5. 打造创新发展新平台

1）完善高级别生物安全实验室体系

落实高级别生物安全实验室体系建设规划，面向医药人口健康、动物卫生、检验检疫、生态环境安全四大领域，针对微生物菌种保藏、科学研究、产业转化三大主体功能，围绕烈性、突发、外来、热带传染病病原体的监测预警、检测、消杀、防控、治疗五大环节的需求，按照"统筹布局，网络运行；应急优先，稳步推进；加强协调，科学管理"的原则，研究布局建设四级生物安全实验室，在充分利用现有三级实验室的基础上，新建一批三级实验室（含移动三级实验室），实现每个省份至少设有一家三级实验室的目标。

以四级实验室和公益性三级实验室为主要组成部分，吸纳其他非公益三级实验室和生物安全防护设施，构建和完善高级别生物安全实验室体系，夯实我国的烈性与重大传染病防控、生物防范和生物产业发展的基础条件，增强生物安全科技自主创新能力。

2）建设生物产业标准物质库

为提高我国生物产业质量控制和标准化水平，建立可溯源的精准测量技术和标准物质，构建核酸、蛋白质、细胞和微生物等核心测量能力和可溯源链，在此基础上开展关于抗体、疫苗、蛋白质、核酸、干细胞、微生物的质量控制的溯源计量和标准研究，以及新型体外诊断快速检测仪器的校准、生物质能质量检验、生物样本库中生物样本的评价和质量控制用标准物质研究，发展精准医学中如罕见病、遗传病等以基因测序为基础的大数据质量控制技术，夯实生物计量和质量控制标准创新基础。

3）建设生物药质量及安全测试技术创新平台

针对我国生物药质量及安全检测技术落后、检测手段匮乏、检测标准不完善等问题，以企业为主体，建立生物药质量及安全测试技术创新平台，充分借助分子生物学、生物信息学等先进生物技术，开发病毒、支原体等污染物的创新检测方法，同时提高已有检测方法的敏感性、缩短检测周期、降低检测成本。提升重组单克隆抗体、血浆衍生物、疫苗等复合生物制品的质量水平及安全性，促进我国实施更彻底、更全面的生物安全监控策略，对迅速涌入我国的各类进口生物制品实行有效监管。

（十）《"十三五"卫生与健康规划》

为推进健康中国建设，根据《中华人民共和国国民经济和社会发展第十三个五年规划纲要》和《"健康中国 2030"规划纲要》，国务院印发了《"十三五"卫生与健康规划》（国务院，2017c）。其中与生物安全相关的内容摘录如下。

1. 加强重大疾病防治

1）推进防治结合

建立专业公共卫生机构、综合性医院和专科医院、基层医疗卫生机构"三位一体"的重大疾病防控机制，信息共享、互联互通，推进慢性病和精神疾病防、治、管整体融合发展。落实医疗卫生机构承担公共卫生任务的补偿政策，完善政府购买公共卫生服务机制。

2）实施慢性病综合防控

完善政府主导的慢性病综合防控协调机制，优化防控策略，建立以基层为重点的慢性病防控体系，加强国家综合防控示范区建设，覆盖全国 15%以上的县（市、区）。加强脑卒中等慢性病的筛查和早期发现，针对高发地区重点癌种开展早诊早治工作，早诊率达到 55%，提高 5 年生存率。全面实施35 岁以上人群首诊测血压，逐步开展血压血糖升高、血脂异常、超重肥胖等慢性病高危人群的患病风险评估和干预指导，将口腔健康检查和肺功能检测纳入常规体检。高血压和糖尿病患者健康管理人数分别达到 1 亿人和 3500万人。健全死因监测、肿瘤登记报告和慢性病与营养监测制度。加强伤害预防和干预。

3）加强重大传染病防治

加强传染病监测预警、预防控制能力建设，法定传染病报告率达到 95%以上，及时做好疫情调查处置。降低全人群乙肝病毒感染率。加强艾滋病检测、干预和随访，最大限度发现感染者和病人，为所有符合条件且愿意接受治疗的感染者和病人提供抗病毒治疗，将疫情控制在低流行水平。开展肺结核综合防治服务试点，加大一般就诊者肺结核发现力度，强化重点人群主动筛查，加强耐多药肺结核筛查和监测，规范患者全程治疗管理。有效应对霍乱、流感、手足口病、麻疹等重点传染病疫情。实施以传染源控制为主的狂犬病、布病、禽流感等人畜共患病综合治理策略。消除麻风病危害。建立已控制严重传染病防控能力储备机制。加强口岸卫生检疫能力建设，加强境外传染病监测预警和应急处置，推动口岸疑似传染病旅客接受免费传染病检测，严防外来重大传染病传入。

4）实施扩大国家免疫规划

夯实常规免疫，做好补充免疫和查漏补种，推进接种门诊规范化建设，提升预防接种管理质量。在全国范围内开展脊灰灭活疫苗替代工作，继续维持无脊灰状态。根据防病工作需要，适时调整国家免疫规划疫苗种类，逐步将安全有效、财政可负担的疫苗纳入国家免疫规划。加强疫苗可预防传染病监测。探索建立预防接种异常反应补偿保险机制。改革完善第二类疫苗集中采购机制，加强疫苗冷链管理，推进疫苗全程追溯体系建设，严禁销售非法疫苗。

5）做好重点寄生虫病及地方病防控工作

坚持以传染源控制为主的血吸虫病综合防治策略。加强登革热、疟疾等蚊媒传染病控制，全国实现消除疟疾目标。实施包虫病综合防治策略，基本控制包虫病流行。

6）重大疾病防治项目

重大传染病防控：艾滋病防控，结核病防控，流感和不明原因肺炎监测，手足口病、狂犬病、布病、流行性出血热、登革热、麻风病等传染病的监测及早期干预，突发急性传染病防控。

扩大国家免疫规划：扩大国家免疫规划，急性弛缓性麻痹病例及麻疹、乙肝等疫苗可预防重点传染病监测。

重点寄生虫病及地方病防控：血吸虫病防控，疟疾、包虫病等重点寄生虫病防治，重点地方病防控。

基本公共卫生服务项目：居民健康档案、健康教育、预防接种、儿童健康管理、孕产妇健康管理、老年人健康管理、慢性病（高血压、Ⅱ型糖尿病）患者健康管理、严重精神障碍患者管理、结核病患者健康管理，中医药健康管理、卫生计生监督协管、传染病和突发公共卫生事件报告和处理等。

2. 强化综合监督执法与食品药品安全监管

1）加强监督执法体系建设

改革和完善卫生计生综合监督行政执法工作，整合卫生计生执法资源，健全完善卫生计生监督执法体系，推动执法重心下移。完善常态化监管机制，加强事中事后监管，实行"双随机"抽查机制，加强全行业监管。建立健全国家重点监督抽检网络。强化依法行政，严格行政执法，提高卫生计生行政执法能力和水平。开展重要卫生计生法律法规落实情况监督检查。健全行政执法制度，围绕社会高度关注、涉及群众切身利益的卫生计生突出问题，大力开展专项整治、重点监督检查和经常性督导检查，严厉打击违法行为。建立健全监督执法责任制和责任追究制。加强卫生计生综合监督行政执法队伍建设。强化监督执法能力建设，完善监管信息系统，推进信息披露和公开，提高监督执法效率。建立健全行业诚信体系和失信联合惩戒机制，建立医药卫生行业"黑名单"制度。

2）强化食品药品安全监管

实施食品安全战略，完善食品安全法规制度。健全国家食品安全标准体系，完善标准管理制度，加快制定重金属、农药残留、兽药残留等重点食品安全标准，完成不少于 300 项标准的制定、修订。完善食品安全风险监测与评估工作网络，开展食品安全风险监测，推进食物消费量调查和总膳食研究，系统完成 25 项食品化学污染物等物质的风险评估。建立健全食品安全事故流行病学调查机制，食源性疾病监测报告网络覆盖县乡村。实施国家药品标准提高行动计划，开展仿制药质量和疗效一致性评价。健全药品医疗器械监管技术支撑体系，提高检验检测能力，提升对药品医疗器械不良反应事件的监测评价和风险预警水平。加强药物临床试验机构建设。健全严密高效、社会共治的食品药品安全治理体系。加大农村食品药品安全治理力度，完善对网络销售食品药品的监管。加强食品药品进口监管。

3）综合监督与食品安全项目

国家重点监督抽检网络建设：国家重点监督抽检，医疗机构医疗卫生和传染病防治监督抽检；公共场所、学校和供水单位公共卫生监督抽检；法律、法规落实情况监督检查；计划生育技术服务机构、采供血机构、放射卫生技术服务机构、消毒产品生产企业和涉水产品生产企业监督抽检。

食品安全标准与监测评估：食品安全标准体系建设，整合现有资源进行食品安全风险监测评估网络和食源性疾病监测报告网络与溯源平台建设，食源性疾病管理和食品安全事故流行病学调查能力建设。

（十一）《"十三五"卫生与健康科技创新专项规划》

"十三五"时期是我国全面建成小康社会的决胜阶段，是实施创新驱动发展战略、建设健康中国的关键时期。为贯彻落实全国科技创新大会和全国卫生与健康大会精神，根据《中华人民共和国国民经济和社会发展第十三个五年规划纲要》、《"十三五"国家科技创新规划》和《"健康中国 2030"

规划纲要》等战略部署，特制定了《"十三五"卫生与健康科技创新专项规划》（科学技术部，2017b）。其中与生物安全相关的内容摘录如下。

1. 加强应用基础研究

医学免疫学研究。研究免疫细胞分化发育与功能调控机制，免疫识别、免疫记忆的分子机理和本质特征，恶性肿瘤、自身免疫性疾病、传染病、心脑血管疾病、慢性阻塞性肺病和糖尿病等重大疾病相关的急慢性炎症的免疫学基础。

2. 提升疾病防控水平

重要传染病防控研究。继续实施"艾滋病和病毒性肝炎等重大传染病防治"科技重大专项，聚焦降低"三病两率"和提高突发急性传染病防控能力的科技瓶颈问题，以创新性的技术、方法、策略、产品为主要攻关方向，着力发展预防乙肝病毒感染者向肝癌转归的新技术和新策略，进一步发展适合我国人群的艾滋病综合治疗方案和新型预防与干预技术，着力开发肺结核的实验室诊断新产品和新技术，在敏感性、特异性方面实现突破。加强突发急性传染病防控综合技术网络体系建设，形成聚焦人才培养和队伍建设的平台和基地，提升科技创新能力，全面提高我国传染病的预防、诊断、治疗和控制水平。加强细菌耐药风险评估、新型抗生素及替代品、疫苗、临床耐药菌感染诊断、治疗与控制等相关技术和产品研究。

重要疾病流行病学研究。针对严重危害国民健康的重大疾病和罕见病，开展规范的流行病学研究，结合自然人群国家大型健康队列以及重点疾病大型队列的建立，系统监测我国重点疾病的疾病谱变化情况，为发病机制、疾病防治等研究提供证据。

3. 开发医药健康产品

药物研发。继续实施"重大新药创制"科技重大专项，研制完成 30 个左右创新性强、防治重大疾病、市场前景好、拥有自主知识产权的新药；针对重大疾病防治或突发疫情等用药需求，研制完成 20～30 个临床急需和具有市场潜力的重大品种，并切实解决产业化技术瓶颈问题。

4. 强化健康风险因素控制

（1）食品药品安全保障研究。开展食源性致病菌耐药机制及传播规律、食品安全危害识别与毒性机制等基础研究，开展食品药品安全检验检测、监测评估、过程控制等技术研究，开展药品不良反应监测和评估研究，加强食品药品标准研制，建设食品药品安全防控技术体系，通过转化、应用、集成研究，针对食品加工和药品生产过程安全控制、食品药品安全应急保障、网络食品药品安全监管等重点领域，从产业发展和监管支撑两个维度研究提出食品药品安全解决方案，提升食品药品安全风险防控能力。

（2）生物安全保障技术研究。开展生物威胁风险评估、监测预警、检测溯源、预防控制、应急处置等生物安全相关技术和产品开发研究，开展动物模型创制及动物实验新技术和新设备开发，建立生物安全相关的信息和实体资源库，构建高度整合的国家生物安全防御体系；推进"互联网+卫生检疫"，建立全球传染病疫情信息智能监测预警、精准检疫的口岸传染病预防控制体系，建立分布合理、地域覆盖全面的现场、区域和重点实验室，建设生物安全防护级别高的口岸智能监测平台，切实防止国际重大烈性传染病传入我国。

5. 推动科学技术普及

科普资源开发。加快建立面向公众的健康知识和技术筛选评价体系，研究筛选一批适合传统媒体和新媒体传播的科普资源，重点加强慢性疾病预防、传染病防控、医疗急救、食品药品安全、中医药养生保健等方面的科普，以及针对老年人、青少年等重点人群的健康科普资源开发。

（十二）《突发急性传染病防治"十三五"规划（2016—2020 年）》

传染病是生物安全的重要内容。为做好"十三五"期间突发急性传染病防治工作，根据《中华人民共和国突发事件应对法》、《中华人民共和国传染病防治法》和《突发公共卫生事件应急条例》等法律法规和相关文件，国家卫生计生委于 2016 年制定了《突发急性传染病防治"十三五"规划（2016—

2020 年)》①。其中与生物安全相关的主要目标见表 5-9，主要任务和措施内容如下。

1. 主要任务和措施

（1）强化预防预警措施。加强传染源管理，切断传播途径，保护易感人群，改进监测、评估和预警。

（2）提升快速反应能力。完善突发急性传染病报告制度，整合提高应急指挥效力（表 5-10），完善防控队伍建设，推广实验室快速检测（表 5-11）。

（3）确保事件有效处置。加强和规范现场处置；保障安全转运；提升医疗救治；强化重点环节管理，严防疫情传播；加强鼠疫防控（表 5-12）。

（4）夯实防治工作基础。推进卫生应急人才培养、加强应急培训演练、完善物资储备机制、支持科研攻关、强化国际合作。

表 5-9　突发急性传染病防治主要目标

建设项目	目标
全国居民突发急性传染病防治素养水平	30%以上
地市级以上卫生计生行政部门应急指挥中心升级改造完成率	95%以上
省级以上疾病预防控制中心应急作业中心建成率	95%以上
地市级院前急救机构系统与卫生计生行政部门应急指挥中心实现信息驳接	95%以上
建设媒体监测与情报收集系统，以及国家级和省级突发急性传染病风险评估与早期预警平台，及时发现具有潜在公共卫生意义的信息，并迅速评估、及时预警	—
地市级以上卫生应急队伍信息平台与卫生计生行政部门应急指挥中心信息驳接	100%
开展突发急性传染病症候群监测的全国航空口岸城市三级综合性医院和传染病医院	90%以上
省级突发急性传染病防控队伍建设覆盖率	90%以上
地市级突发急性传染病快速反应小分队建设覆盖率	80%以上
实现 48 小时内对至少 60 种已知突发急性传染病病原的快速排查的省级实验室	90%以上
具备 48 小时内完成人感染禽流感、中东呼吸综合征、"非典"和鼠疫等重点病原体的检测的地市级实验室	90%以上
对突发急性传染病应急管理体制建设，健全完善多部门联防联控工作机制	—
具备规范采集突发急性传染病检测样本能力的县级疾控机构	85%以上
突发急性传染病现场规范处置率	95%以上
省级和地市级突发急性传染病医疗救治定点医院覆盖率	90%以上
有动物鼠疫流行风险的疫源县监测工作覆盖率	95%以上
全国鼠疫监测县实验室标准化建设达标率	90%以上

---

① 突发急性传染病防治"十三五"规划（2016—2020 年）. http://www.ndrc.gov.cn/fzgggz/fzgh/ghwb/gjjgh/201707/t20170720_855031.html[2019-4-17].

表 5-10 突发公共事件卫生应急指挥决策系统升级

序号	项目内容	覆盖范围
1	卫生计生行政部门应急指挥中心升级改造	国家级，各省级和地市级，有条件的县级
2	疾病预防控制机构应急作业中心建设	国家级，各省级
3	探索突发急性传染病症候群监测管理系统和医疗机构大数据挖掘分析平台，以及医院应急平台建设	各航空口岸城市的三级综合性医院和传染病医院
4	院前急救机构应急平台完善	各省级和地市级
5	卫生应急队伍信息平台完善	国家级，各省级和地市级卫生应急队伍
6	媒体监测和情报收集系统建设	国家级，各省级

表 5-11 国家突发急性传染病快速检测技术平台建设

序号	项目内容	承担的主要任务
1	完善国家级突发急性传染病快速检测平台	完善未知和罕见病原体检测技术，全面提升对新发突发急性传染病未知病原体快速筛查和已知病原体全面检测的能力
2	提升省级实验室对已知病原的快速排查能力	具备对主要已知可引发出血热、重症肺炎和脑炎等突发急性传染病病原体的快速筛查鉴定能力
3	确保地市级实验室具备重点病原快速检测能力	具备 48 小时内完成人感染禽流感、中东呼吸综合征、"非典"和鼠疫等不少于 4 种重点突发急性传染病病原的快速检测能力
4	加强县级疾控机构实验室基本检测能力	具备规范采集、保存和运输突发急性传染病检测样本等能力
5	生物安全四级实验室建设	积极推动国家疾病预防控制中心生物安全四级实验室建设

表 5-12 鼠疫防控能力建设

序号	项目内容	承担的主要任务
1	鼠疫疫情监测	在全国开展人间疫情监测，在动物鼠疫自然疫源地开展动物疫情监测，并做好相关风险评估
2	鼠疫实验室标准化建设	完成全国鼠疫监测县鼠疫实验室标准化建设；完成一个国家级鼠疫专业实验室标准化改造任务
3	重点地区疫源地调查	在重点地区和其他鼠疫疫源不明地区，开展鼠疫疫源性调查和风险评估工作
4	国家级菌种保藏机构培训演练基地的运行	完善 1 个国家级鼠疫菌种保藏中心（青海菌库），2 个国家级鼠疫菌种保藏专业实验室（云南、吉林），以及培训演练基地（河北）的运行制度和工作机制，加强人员培训，确保有效运行

（十三）《中国遏制与防治艾滋病"十三五"行动计划》

为落实《"健康中国 2030"规划纲要》和深化医药卫生体制改革部署，进一步推进艾滋病防治工作，切实维护广大人民群众身体健康，国务院办公厅印发了《中国遏制与防治艾滋病"十三五"行动计划》(国务院,2017d)。其中与生物安全相关的内容摘录如下。

1. 工作原则

坚持政府组织领导、部门各负其责、全社会共同参与;坚持预防为主、防治结合、依法防治、科学防治;坚持综合治理、突出重点、分类指导。

2. 工作目标

最大限度发现感染者和病人,有效控制性传播,持续减少注射吸毒传播、输血传播和母婴传播,进一步降低病死率,逐步提高感染者和病人生存质量,不断减少社会歧视,将我国艾滋病疫情继续控制在低流行水平。其具体战略目标:①居民艾滋病防治知识知晓率达 85%以上。流动人口、青年学生、监管场所被监管人员等重点人群以及易感染艾滋病危险行为人群防治知识知晓率均达 90%以上。②男性同性性行为人群艾滋病相关危险行为减少 10%以上,其他性传播危险行为人群感染率控制在 0.5%以下。参加戒毒药物维持治疗人员年新发感染率控制在 0.3%以下。③夫妻一方感染艾滋病家庭的配偶传播率下降到 1%以下。艾滋病母婴传播率下降到 4%以下。④经诊断发现并知晓自身感染状况的感染者和病人比例达 90%以上。符合治疗条件的感染者和病人接受抗病毒治疗比例达 90%以上,接受抗病毒治疗的感染者和病人治疗成功率达 90%以上,累计接受中医药治疗的人数比 2015 年增加一倍。

3. 防治措施

①提高宣传教育针对性,增强公众艾滋病防治意识;②提高综合干预实效性,有效控制性传播和注射吸毒传播;③提高检测咨询可及性和随访服务规范性,最大限度发现感染者和减少传播;④全面落实核酸检测和预防母婴传播工作,持续减少输血传播和母婴传播;⑤全面落实救治救助政策,挽救感染者和病人生命并提高生活质量;⑥全面落实培育引导措施,激发社会组织参与活力。

4. 保障措施

①强化组织领导,落实防治责任;②加强队伍建设,提高防治能力;

③加大投入力度，保障防治经费和药品供应；④加强科研与国际合作，提升防治水平。

（十四）《"十三五"全国结核病防治规划》

为进一步减少结核病危害，加快推进健康中国建设，根据《中华人民共和国传染病防治法》，结合深化医改要求，国务院印发了《"十三五"全国结核病防治规划》（国务院，2017e）。其中与生物安全相关的内容摘录如下。

1. 工作原则

坚持以人民健康为中心，坚持预防为主、防治结合、依法防治、科学防治，坚持政府组织领导、部门各负其责、全社会协同，坚持突出重点、因地制宜、分类指导，稳步推进结核病防控策略。

2. 规划目标

到 2020 年，政府领导、部门合作、全社会协同、大众参与的结核病防治机制进一步完善。疾病预防控制机构、结核病定点医疗机构、基层医疗卫生机构分工明确、协调配合的服务体系进一步健全，结核病防治服务能力不断提高，实现及早发现并全程规范治疗，人民群众享有公平可及、系统连续的预防、治疗、康复等防治服务。医疗保障政策逐步完善，患者疾病负担进一步减轻。肺结核发病和死亡人数进一步减少，全国肺结核发病率下降到 58/10 万以下，疫情偏高地区肺结核发病率较 2015 年下降 20%。

3. 防治措施

（1）完善结核病防治服务体系。①健全服务网络。各地区要明确省、市、县三级结核病定点医疗机构，并予以公布。②加强队伍建设。加强人员培训，提高承担结核病诊疗和防治管理工作人员的服务能力。③推进防治结合。各地区要完善结核病分级诊疗和综合防治服务模式，健全疾病预防控制机构、结核病定点医疗机构、基层医疗卫生机构分工明确、协调配合的服务体系。

（2）多途径发现患者。加大就诊人群中患者发现力度；开展重点人群主动筛查；及时发现耐多药肺结核患者。

（3）规范诊疗行为。实施结核病诊疗规范；探索实施传染性肺结核患者住院治疗；规范耐多药肺结核患者诊疗和管理；完善儿童结核病防治措施，加强结核病医疗质量控制。

（4）做好患者健康管理服务。要按照国家基本公共卫生服务项目要求做好肺结核患者健康管理服务，并将服务质量纳入对基层医疗卫生机构的考核内容。疾病预防控制机构、定点医疗机构和基层医疗卫生机构要做到患者转诊追踪、治疗管理等工作全程无缝衔接。疾病预防控制机构和定点医疗机构要加强对基层医疗卫生机构的培训、技术指导和督导。推行结核病患者家庭医生签约服务制度。创新方法和手段，充分利用移动互联网等新技术为患者开展随访服务，提高患者治疗依从性。

（5）做好医疗保险和关怀救助工作。要将临床必需、安全有效、价格合理、使用方便的抗结核药品按规定纳入基本医保支付范围。各地区要因地制宜逐步将肺结核（包括耐多药肺结核）纳入基本医疗保险门诊特殊病种支付范围。推进医疗保险支付方式改革，发挥医疗保险对医疗行为和费用的引导制约作用。按照健康扶贫工作要求，对符合条件的贫困结核病患者及时给予相应治疗和救助，患者治疗费用按规定经基本医疗保险、大病保险支付后，发挥医疗救助和其他补助的制度合力，切实降低患者自付比例，避免患者家庭发生灾难性支出而因病致贫返贫。

（6）加强重点人群结核病防治。加强结核菌/人类免疫缺陷病毒双重感染防控；强化学校结核病防控；加强流动人口结核病防控；加强监管场所被监管人员结核病防控。

（7）保障抗结核药品供应。完善药品采购机制，根据药品特性和市场竞争情况，实行分类采购，确保采购药品质量安全、价格合理、供应充足。鼓励各省（区、市）药品采购机构探索开展抗结核药品联合采购。对临床必需、市场价格低、临床用量小的抗结核药品实行集中挂网，由医院与企业议价采购，保障治疗用药需求。加强抗结核药品质量抽检，重点加强固定剂量复合制剂和二线抗结核药品注射制剂质量控制，确保药品质量。规范抗结核药品临床使用，加强不良反应报告监测和管理。

（8）提高信息化管理水平。进一步加强结核病防治工作信息化建设。依托全民健康保障信息化工程，提高结核病管理信息的及时性、完整性和准确性，规范结核病信息报告。将定点医疗机构纳入国家结核病防治信息管理系统，及时掌握肺结核患者登记、诊断治疗和随访复查等情况。结合区域人口健康信息平台建设，充分利用定点医疗机构和基层医疗卫生机构现有信息系统收集数据，加强信息整合。逐步实现结核病患者筛查、转诊追踪、诊断治疗、随访复查、治疗管理等全流程信息化管理，实现疾病预防控制机构、医疗卫生机构、基本医保经办机构之间纵向、横向的信息共享。利用远程医疗和远程教育网络，开展结核病防治技术指导和培训。

（十五）《"十三五"深化医药卫生体制改革规划》

为全面深化医药卫生体制改革，推进健康中国建设，根据《中华人民共和国国民经济和社会发展第十三个五年规划纲要》《中共中央国务院关于深化医药卫生体制改革的意见》和《"健康中国 2030"规划纲要》，国务院印发了《"十三五"深化医药卫生体制改革规划》（国务院，2017f）。其中与生物安全相关的内容摘录如下。

1. 主要目标

到 2017 年，基本形成较为系统的基本医疗卫生制度政策框架。分级诊疗政策体系逐步完善，现代医院管理制度和综合监管制度建设加快推进，全民医疗保障制度更加高效，药品生产流通使用政策进一步健全。到 2020 年，普遍建立比较完善的公共卫生服务体系和医疗服务体系、比较健全的医疗保障体系、比较规范的药品供应保障体系和综合监管体系、比较科学的医疗卫生机构管理体制和运行机制。经过持续努力，基本建立覆盖城乡居民的基本医疗卫生制度，实现人人享有基本医疗卫生服务，基本适应人民群众多层次的医疗卫生需求，我国居民人均预期寿命比 2015 年提高 1 岁，孕产妇死亡率下降到 18/10 万，婴儿死亡率下降到 7.5‰，5 岁以下儿童死亡率下降到 9.5‰，主要健康指标居于中高收入国家前列，个人卫生支出占卫生总费用的比重下降到 28%左右。

2. 重点任务

"十三五"期间，要在分级诊疗、现代医院管理、全民医保、药品供应保障、综合监管等 5 项制度建设上取得新突破，同时统筹推进相关领域改革。

推进公共卫生服务体系建设。建立专业公共卫生机构与医疗机构、基层医疗卫生机构分工协作机制，健全基本公共卫生服务项目和重大公共卫生服务项目遴选机制。到 2020 年，基本公共卫生服务逐步均等化机制基本完善。推进政府购买公共卫生服务。完善公共卫生服务项目经费分配方式以及效果评价和激励约束机制，发挥专业公共卫生机构和医疗机构对项目实施的指导和考核作用，考核评价结果与服务经费拨付挂钩。建立健全专业公共卫生人员激励机制，人员和运行经费根据人员编制、经费标准、服务任务完成及考核情况由政府预算全额安排。鼓励防治结合类专业公共卫生机构通过提供预防保健和基本医疗服务获得合理收入，建立有利于防治结合的运行新机制。推进妇幼保健机构内部改革重组，实现保健和临床有机融合。在合理核定工作任务、成本支出的基础上，完善对医疗机构承担公共卫生服务任务的补偿机制。大力推进残疾人健康管理，加强残疾人社区康复。将更多成本合理、效果确切的中医药服务项目纳入基本公共卫生服务。完善现有药品政策，减轻艾滋病、结核病、严重精神障碍等重大疾病以及突发急性传染病患者的药品费用负担。推进居民健康卡、社会保障卡等应用集成，激活居民电子健康档案应用，推动预防、治疗、康复和健康管理一体化的电子健康服务。升级改造卫生应急平台体系，提升突发公共卫生事件早期发现水平。深入开展爱国卫生运动。

（十六）《"十三五"国家药品安全规划》

保障药品安全是建设健康中国、增进人民福祉的重要内容，是以人民为中心发展思想的具体体现。为提高药品质量安全水平，根据《中华人民共和国国民经济和社会发展第十三个五年规划纲要》，国务院印发了《"十三五"国家药品安全规划》（国务院，2017g）。其中与生物安全相关的内容如下。

1. 加快推进仿制药质量和疗效一致性评价

药品生产企业是一致性评价工作的主体，应按相关指导原则主动选购参比制剂，合理选用评价方法，开展研究和评价。食品药品监管部门加强对药品生产企业一致性评价工作的指导，制定完善相关指导原则，及时公布参比制剂信息，逐步建立我国仿制药参比制剂目录集。

细化落实医保支付、临床应用、药品集中采购、企业技术改造等方面的支持政策，有效解决临床试验资源短缺问题，鼓励企业开展一致性评价工作。自首家品种通过一致性评价后，其他药品生产企业的相同品种原则上应在 3

年内完成一致性评价。完善一致性评价工作机制，充实专业技术力量，严格标准、规范程序，按时审评企业提交的一致性评价资料和药品注册补充申请。

2. 深化药品医疗器械审评审批制度改革

改革包括：鼓励研发创新；完善审评审批机制；严格审评审批要求；推进医疗器械分类管理改革等方面（表 5-13）。

表 5-13 药品安全专栏

专栏	主要内容
审评审批制度改革	仿制药质量和疗效一致性评价 解决药品注册申请积压 加快医疗器械分类管理改革
标准提高行动计划	药品标准提高行动计划 医疗器械标准提高行动计划 化妆品标准提高行动计划
安全监管行动计划	加强药品检查 加强医疗器械检查 加强化妆品检查 加强监督抽验
应急处置和科普宣传能力提升项目	应急处置能力建设 立体化科普宣传计划
技术支撑能力建设项目	国家级审评中心建设 检查能力建设 检验检测能力建设 不良反应和不良事件监测能力建设
安全监管信息化工程	继续推进监管信息化建设
基层监管能力标准化建设项目	加强市、县级监管机构及乡镇（街道）派出机构执法基本装备、取证装备、快速检验装备配备和基础设施建设
药品医疗器械安全科技支撑任务	药品检验检测关键技术研究 药品安全性、有效性评价技术研究 检验检测研究平台、数据库等建设 医疗器械检验检测关键技术研究 医疗器械安全性评价体系研究
专业素质提升项目	职业化检查员队伍建设 人才培养 执业药师队伍建设

3. 健全法规标准体系

其具体措施包括：①完善法规制度。推动修订药品管理法。修订化妆品卫生监督条例。基本完成药品、医疗器械、化妆品配套规章制度修订。②完善技术标准。对照国际先进水平编制《中华人民共和国药典（2020 年版）》，化学药品标准达到国际先进水平，生物制品标准接近国际先进水平，中药（材）标准处于国际主导地位；③完善技术指导原则。修订药物非临床研究、药物临床试验、处方药与非处方药分类、药用辅料安全性评价、药品注册管理、医疗器械注册技术审查等指导原则，修订药品生产、经营质量管理规范附录和技术指南。制定医疗器械生产经营使用以及不良事件监测技术指南。

4. 加强全过程监管

①严格规范研制生产经营使用行为。加强研制环节、生产环节、流通环节、使用环节的监管，建立实施全生命周期管理制度。②全面强化现场检查和监督抽验。按照"双随机、一公开"原则，加强事中事后监管。③加大执法办案和信息公开力度。加强国家级稽查执法队伍能力建设，组织协调大案要案查处，强化办案指导和监督，探索检查稽查合一工作机制，初步建成全国统一、权威高效的稽查执法体系。加强各级公安机关打击药品犯罪的专业力量建设，强化办案保障。深化行政执法与刑事司法衔接，推动出台药品违法行为处罚到人的法律措施，加大对违法犯罪行为的打击力度。加快投诉举报体系建设，畅通投诉举报渠道，鼓励社会监督。按规定全面公开行政许可、日常监管、抽样检验、检查稽查、执法处罚信息。

5. 全面加强能力建设

其具体措施包括：强化技术审评能力建设；强化检查体系建设；强化检验检测体系建设；强化监测评价体系建设；形成智慧监管能力；提升基层监管保障能力；加强科技支撑；加快建立职业化检查员队伍。

（十七）《国家环境保护"十三五"科技发展规划纲要》

环境保护是我国的基本国策。当前，我国经济社会呈现出从高速增长转为中高速增长，经济结构优化升级，从要素驱动、投资驱动转向创新驱动，环境承载能力已达到或接近上限，环境保护面临着诸多挑战。"十三五"时期是我国全面建成小康社会的重要时期，是全面深化改革和加快转变经济发展方式的攻坚时期，也是全面推进依法治国的关键时期（国家发展和改革委员会，2017c）。在此背景下，环境保护部和科技部组织编制了《国家环境保护"十三五"科技发展规划纲要》，其中与生物安全相关的主要内容摘录如下。

1. 主要任务

1）强化环保应用基础研究，促进环保科学决策

生态系统和生物多样性保护机理。针对我国生态系统类型多样、生态产品供需不平衡、人类活动剧烈等特点，重点开展区域生态格局形成机理和演变规律、生态系统服务与生态格局耦合机制等研究，建立生态系统服务优化和生态安全格局构建的基本理论体系。针对威胁我国生态安全的重大生态环境问题，开展典型地区生物多样性分布格局与演变机理、外来物种入侵与扩散机制、区域环境变化对生物多样性演变的驱动机制、生物入侵对生物多样性的影响机制、生物多样性保护成效评估理论、传统知识对生物多样性保护的促进机制等研究。针对我国森林、草地、湿地、荒漠等主要生态系统类型，研究生态系统动态干扰机理、演替规律、功能与稳定性维持机制以及生态退化机理与驱动因素，阐明生态退化演变规律和趋势，形成我国退化生态系统恢复重建理论体系。研究生物多样性与气候变化的相互影响机制。

2）强化关键技术创新研发，支撑环保高效治理

（1）生态系统监测技术。针对生态监测技术不完善等问题，建立国家生态系统和生物多样性综合监测与评估的方法、标准和规范体系，研发天地一体化的生态系统和生物多样性监测技术和外来物种监测技术，构建大气、水文、土壤和生物多圈层生态环境综合监测体系。研制基于生态要素和生态系统服务功能的数据采集器和无线传感器等设备，构建生态安全监测支撑平台。

（2）生态系统保护与恢复技术。针对构建符合我国国情的生态系统保护与恢复技术体系的重大需求，重点突破生态脆弱区生物多样性恢复、生物多样性保护优先区域综合调控修复、自然保护区关键生境保护与修复、生态廊道建设等关键共性技术。突破提高区域生态承载能力的生态修复关键技术，并进行重点区域示范。研发和集成不同退化生态系统类型和灾害迹地的自然与人工辅助恢复重建、群落物种优化配置，以及生态系统结构调整、服务提升、适应性管理等关键共性技术。

3）支撑环境管理改革，创新环境管理方法

（1）生态系统服务优化与生态安全格局构建。针对生态系统保护的需要，

开发基于我国大数据的遥感模型、生物地球化学模型等生态评估模型，构建生态安全决策支撑平台。系统开展生态保护红线区、自然保护区、生物多样性保护优先区域、重点生态功能区和气候变化敏感区等重点区域、流域监测评估技术研究。针对"两屏三带"和生态功能区、生态脆弱区等重点区域生态环境保护的战略需求，研究国家和重点区域生态安全格局构建与保障机制，建立生态系统服务优化评估、生态安全格局稳定性评估、生态格局辨识与调控、流域生态健康评估等技术体系。研究城市生态空间格局演化规律，建立城市空间管控、环境治理和区域生态规划技术方法体系。开展"一带一路"资源环境承载力与生态安全研究，研发生态空间优化与国际生态大通道构建技术、重大开发建设活动生态环境风险评估与防控技术。

（2）生物多样性保护综合监管技术。针对生物多样性保护的需要，构建符合我国国情的生物多样性综合监管技术体系，重点突破自然保护区保护有效性评估、遗传资源及传统知识保存和传承、转基因生物的生态风险评价与监测，以及外来入侵物种利用、控制与防除等关键共性技术。

（3）重大规划及工程生态风险管控技术。针对港口规划可能改变沿海陆域生态系统结构、水电梯级开发规划和路网规划可能造成生境破碎化等重大规划的生态环境问题，研究重大规划生态影响机理和生态环境风险评估方法，建立重大规划生态影响评估与修复技术规范，提出生态补偿对策。针对水利水电资源和大宗矿产资源开发、大型煤电基地建设、调水工程、交通运输和油气输送等重大工程建设以及城市快速扩张所引起的生态系统完整性受损、功能下降等关键问题，开展重大工程建设和资源能源开发等区域、流域的生态环境风险评估方法研究，研究水生生态保护和监测方面的标准和技术规范，研发生态保护、修复与重建关键技术和生态环境风险管控技术。

（4）农业环境污染监管技术。针对我国农业环保监管与污染物防治的关键技术瓶颈问题，开展农业污染物监管与防治研究，重点突破农用化学品使用的环境影响与健康效益评估和检测方法、水产养殖污染监测与预警方法与技术、种植业污染监测方法与技术、畜禽养殖污染监测方法与技术、环境友好型农业生产方式环境效益评估技术，以及农业水、大气、固体废物污染综合防治技术等。

4）开展创新平台建设，提升环保科技创新能力

（1）生态资产核算与管理、区域生态系统监测评估与风险管理等方向，

建设国家环境保护重点实验室能力。以服务国家环境保护决策和监督管理为宗旨，建设一批突破型、引领型、平台型一体的国家环境保护重点实验室，开展环境保护基础研究和应用基础研究，培育优秀科研团队，提升环境基础科研能力。

（2）创面生态修复等方向，建设国家环境保护工程技术中心。结合国家未来一个时期内污染控制的工作重点，突破长期制约我国环保工作和环保产业发展的技术瓶颈问题，建设完善一批国家环境保护工程技术中心，开展污染控制技术开发、示范、工程化应用和推广。

（3）国家重点生态功能区、生态脆弱区、快速城镇化地区、国家重大生态工程区、生态保护红线区等方向，建设国家环境保护科学观测研究站。立足于阐明重大环境问题的成因、机理和机制，以长期观测、试验研究为核心任务，建设一批环境保护科学观测研究站，逐步形成适应生态环境保护科学研究和综合决策需要的科学观测研究网络。

2. 重点行动

（1）继续实施水专项等国家科技重大专项。参与实施转基因生物新品种培育科技重大专项，建成规范的生物安全性评价技术体系，确保转基因产品环境安全。参与实施高分辨率对地观测系统科技重大专项，构建高分卫星环境遥感应用技术体系，为建立我国"天空地一体化"环境监测业务化运行系统提供技术基础。参与实施大型先进压水堆及高温气冷堆核电站科技重大专项，不断提升核设施、核活动安全水平，提升核与辐射安全监管技术能力，为我国核与辐射安全提供有力保障。

（2）实施一批重点研发计划项目。实施大气污染防治、土壤污染防治、生态治理、废物资源化、化学品风险控制、核与辐射安全等领域一批国家重点研发计划重点专项。集中解决一批重大区域生态环境科学理论问题，突破一批关键技术与装备，示范应用一批先进适用技术，形成一批解决区域环境问题的系统性技术解决方案。

（3）加强基地和人才建设。推进环境保护领域国家重点实验室、国家工程技术中心等建设。加大投入，支持国家环境保护重点实验室、国家环境保护工程技术中心和科学观测研究站等能力建设和运行管理。支持环保科技创新人才队伍建设，在环保领域引进高层次科技人才，培养中青年科技创新领军人才，加强重点领域创新团队和创新人才培养示范基地建设。

（十八）《全国生态保护"十三五"规划纲要》

为贯彻落实《中华人民共和国国民经济和社会发展第十三个五年规划纲要》，环境保护部组织编制了《全国生态保护"十三五"规划纲要》。纲要依据环保部门生态保护的职能定位，提出"十三五"时期全国生态保护工作的指导思想和主要目标，明确重点工作和任务措施，指导各级环保部门开展自然生态保护工作，简要摘录如下（国家发展和改革委员会，2017d）。

1. 主要目标

到 2020 年，生态空间得到保障，生态质量有所提升，生态功能有所增强，生物多样性下降速度得到遏制，生态保护统一监管水平明显提高，生态文明建设示范取得成效，国家生态安全得到保障，与全面建成小康社会相适应。

具体工作目标：全面划定生态保护红线，管控要求得到落实，国家生态安全格局总体形成；自然保护区布局更加合理，管护能力和保护水平持续提升，新建 30～50 个国家级自然保护区，完成 200 个国家级自然保护区规范化建设，全国自然保护区面积占陆地国土面积的比例维持在 14.8%左右（包括列入国家公园试点的区域）；完成生物多样性保护优先区域本底调查与评估，建立生物多样性观测网络，加大保护力度，国家重点保护物种和典型生态系统类型保护率达到 95%；生态监测数据库和监管平台基本建成；体现生态文明要求的体制机制得到健全；推动 60～100 个生态文明建设示范区和一批环境保护模范城创建，生态文明建设示范效应明显。

2. 主要任务

"十三五"时期，紧紧围绕保障国家生态安全的根本目标，优先保护自然生态空间，实施生物多样性保护重大工程，建立监管预警体系，加大生态文明示范建设力度，推动提升生态系统稳定性和生态服务功能，筑牢生态安全屏障（表 5-14）。

表 5-14 全国生态保护主要任务

主要任务	主要内容
建立生态空间保障体系	加快划定生态保护红线 推动建立和完善生态保护红线管控措施 加强自然保护区监督管理 加强重点生态功能区保护与管理
强化生态质量及生物多样性提升体系	实施生物多样性保护重大工程 加强生物遗传资源保护与生物安全管理 推进生物多样性国际合作与履约 扩大生态产品供给
建设生态安全监测预警及评估体系	建立"天地一体化"的生态监测体系 定期开展生态状况评估 建立全国生态保护监控平台 加强开发建设活动生态保护监管
完善生态文明示范建设体系	创建一批生态文明建设示范区和环境保护模范城 持续提升生态文明示范建设水平

（十九）《"十三五"国家食品安全规划》

保障食品安全是建设健康中国、增进人民福祉的重要内容，是以人民为中心发展思想的具体体现。为实施好食品安全战略，加强食品安全治理，根据《中华人民共和国国民经济和社会发展第十三个五年规划纲要》，国务院印发了《"十三五"国家食品安全规划》，其主要任务见表 5-15、表 5-16，其发展目标摘录如下（国务院，2017h）。

表 5-15 国家食品安全主要任务

主要任务	主要内容
全面落实企业主体责任	食品生产经营者应当严格落实法定责任和义务 开展食品安全师制度试点
加快食品安全标准与国际接轨	建立最严谨的食品安全标准体系
完善法律法规制度	加快构建以食品安全法为核心的食品安全法律法规体系
严格源头治理	深入开展农药兽药残留、重金属污染综合治理 提高农业标准化水平
严格过程监管	严把食品生产经营许可关 严格生产经营环节现场检查 严格特殊食品监管 严格网格化监管 严格互联网食品经营、网络订餐等新业态监管 严格食品相关产品监管 严格进出口食品安全监管 推动特色食品加工示范基地建设

续表

主要任务	主要内容
强化抽样检验	食品安全抽样检验覆盖所有食品类别、品种，突出对食品中农药兽药残留的抽检
严厉处罚违法违规行为	整治食品安全突出隐患及行业共性问题 整合食品安全监管、稽查、检查队伍，建立以检查为统领，集风险防范、案件调查、行政处罚、案件移送于一体的工作体系
提升技术支撑能力	提升风险监测和风险评估等能力 健全风险交流制度 加快建设食品安全检验检测体系 提高食品安全智慧监管能力 加强基层监管能力建设 加强应急处置能力建设 强化科技创新支撑
加快建立职业化检查员队伍	依托现有资源建立职业化检查员制度，明确检查员的资格标准、检查职责、培训管理、绩效考核等要求
加快形成社会共治格局	完善食品安全信息公开制度 畅通投诉举报渠道，严格投诉举报受理处置反馈时限 支持行业协会制订行规行约、自律规范和职业道德准则，建立健全行业规范和奖惩机制 加强消费者权益保护，增强消费者食品安全意识和自我保护能力，鼓励通过公益诉讼、依法适用民事诉讼简易程序等方式支持消费者维权
深入开展"双安双创"行动	继续开展国家食品安全示范城市创建和农产品质量安全县创建（即"双安双创"）行动，实施食品安全和农产品质量安全示范引领工程，鼓励各地分层次、分步骤开展本区域食品安全和农产品质量安全示范创建行动，提升食品安全监管能力和水平

表 5-16 国家食品安全主要任务专栏内容

专栏	内容
食品安全国家标准提高行动计划	制修订食品安全国家标准 加强食品安全国家标准专业技术机构能力建设
食用农产品源头治理工程	农药残留治理工程 兽药残留治理工程 测土配方施肥推广工程 农业标准化推广工程 农产品质量安全保障工程
食品安全监管行动计划	食品安全监督抽检工程 特殊食品审评能力建设 进出口食品安全监管提升计划 餐饮业质量安全提升工程
风险监测预警、评估能力提升项目	食品安全风险监测能力 食品安全风险评估能力
监管能力建设项目	检验检测能力建设项目 "互联网+"食品安全监管项目 基层监管能力标准化建设项目 提升突发事件应对能力

续表

专栏	内容
食品安全重点科技工作	建立科学、高效的过程控制技术体系 建立全覆盖、组合式、非靶向检验检测技术体系 建立科学合理的食品安全监测和评价评估技术体系 研发急需优先发展的冷链装备关键技术 整合现有资源加强食品安全监督执法智慧工作平台研发 强化食品安全国家标准制修订 综合示范应用
专业素质提升项目	建立职业化检查员队伍 加强人才培养
社会共治推进计划	建设投诉举报业务系统 扩大食品安全责任保险试点 开展食品行业从业人员培训提高项目 开展食品安全状况综合评价 实施立体化科普宣传计划
食品安全和农产品质量安全示范引领工程	食品安全示范城市创建 农产品质量安全县创建

1. 发展目标

到 2020 年，食品安全治理能力、食品安全水平、食品产业发展水平和人民群众满意度明显提升。主要实现以下目标：

（1）食品安全抽检覆盖全部食品类别、品种。国家统一安排计划、各地区各有关部门分别组织实施的食品检验量达到每年 4 份/千人。其中，各省（区、市）组织的主要针对农药兽药残留的食品检验量不低于每年 2 份/千人。

（2）农业源头污染得到有效治理。主要农作物病虫害绿色防控覆盖率达到 30%以上，农药利用率达到 40%以上，主要农产品质量安全监测总体合格率达到 97%以上。

（3）食品安全现场检查全面加强。职业化检查员队伍基本建成，实现执法程序和执法文书标准化、规范化。对食品生产经营者每年至少检查 1 次。实施网格化管理，县、乡级全部完成食品安全网格划定。

（4）食品安全标准更加完善。制修订不少于 300 项食品安全国家标准，制修订、评估转化农药残留限量指标 6600 余项、兽药残留限量指标 270 余项。产品标准覆盖包括农产品和特殊人群膳食食品在内的所有日常消费食品，限量标准覆盖所有批准使用的农药兽药和相关农产品，检测方法逐步覆盖所有限量标准。

（5）食品安全监管和技术支撑能力得到明显提升。实现各级监管队伍装备配备标准化。各级食品安全检验检测能力达到国家建设标准，进出口食品检验检测能力保持国际水平。

三、国家生物安全相关法律法规

我国颁布了很多有关生物安全的法律法规，如表 5-17 所示。

表 5-17 我国生物安全相关法律法规

法律法规	发布部门	日期
中华人民共和国立法法（2015 年修正）	全国人民代表大会	2015 年 03 月 15 日
中华人民共和国促进科技成果转化法（2015 年修正）	全国人民代表大会常务委员会	2015 年 08 月 19 日
关于修改《中华人民共和国药品管理法》的决定	全国人民代表大会常务委员会	2015 年 04 月 24 日
关于办理危害药品安全刑事案件适用法律若干问题的解释	最高人民法院、最高人民检察院	2014 年 11 月 03 日
关于印发 2015 年食品安全重点工作安排的通知	国务院	2015 年 03 月 02 日
关于加强传染病防治人员安全防护的意见	国务院	2015 年 01 月 06 日
关于进一步加强食品药品监管体系建设有关事项的通知	国务院	2014 年 09 月 28 日
关于印发 2014 年食品安全重点工作安排的通知	国务院	2014 年 04 月 29 日
关于组织转基因生物新品种培育科技重大专项 2016 年度课题申报的通知	农业部	2015 年 09 月 22 日
关于防止希腊和俄罗斯牛结节性皮肤病传入我国的公告	国家质量监督检验检疫总局、农业部	2015 年 09 月 21 日
关于开展农业转基因生物安全监管检查工作的通知	农业部	2015 年 09 月 09 日
关于开展 2015 年动物疫情监测与防治经费项目绩效评价工作的通知	农业部渔业渔政管理局	2015 年 08 月 27 日
全国农产品质量安全检验检测体系建设规划（2011—2015 年）	农业部、国家发展改革委	2012 年 09 月 11 日
关于进一步加强重大动物疫情举报核查工作的通知	农业部	2015 年 06 月 02 日
关于开展 2015 年生猪屠宰环节"瘦肉精"监督检测工作的通知	农业部	2015 年 05 月 21 日
关于开展 2015 年全国食品安全宣传周活动的通知	国务院食品安全办等	2015 年 05 月 12 日
关于实验用食蟹猴检疫有关事项的函	农业部	2015 年 04 月 17 日
关于鸵鸟检疫有关事项的函	农业部	2015 年 04 月 17 日
关于切实做好 2015 年草原鼠虫害防治工作的通知	农业部	2015 年 04 月 17 日
关于组织开展 2015 年兽药残留检测能力验证活动的通知	农业部	2015 年 04 月 17 日

续表

法律法规	发布部门	日期
关于公布《进出口食品添加剂检验检疫监督管理工作规范》的公告	国家质量监督检验检疫总局	2011 年 04 月 18 日
关于防止匈牙利高致病性禽流感传入我国的公告	国家质量监督检验检疫总局、农业部	2015 年 03 月 13 日
关于开展 2015 年水生动物防疫系统实验室检测能力测试的通知	农业部	2015 年 03 月 13 日
关于印发《2015 年国家水生动物疫病监测计划》的通知	农业部	2015 年 02 月 25 日
关于印发《农业部 2015 年农业转基因生物安全监管工作方案》的通知	农业部	2015 年 02 月 15 日
关于印发《2015 年动物及动物产品兽药残留监控计划》的通知	农业部	2015 年 02 月 06 日
关于防止美国高致病性禽流感传入我国的公告	国家质量监督检验检疫总局、农业部	2015 年 01 月 09 日
关于家禽屠宰检验检疫有关问题的函	农业部	2015 年 01 月 06 日
关于发布《高等级病原微生物实验室建设审查行政审批事项服务指南》的通知	科技部	2015 年 06 月 15 日
关于防止坦桑尼亚等国家霍乱传入我国的公告	国家质量监督检验检疫总局	2015 年 09 月 29 日
关于防止东南亚等部分国家和地区登革热传入我国的公告	国家质量监督检验检疫总局、国家卫生计生委、国家旅游局	2015 年 09 月 17 日
关于防止几内亚和塞拉利昂埃博拉出血热传入我国的公告	国家质量监督检验检疫总局等	2015 年 08 月 10 日
关于四川检验检疫局口岸卫生检疫典型事例的情况通报	国家质量监督检验检疫总局	2015 年 08 月 06 日
关于泰国莲雾、斯里兰卡香蕉、韩国葡萄、埃塞俄比亚大豆输华和中国荔枝输韩国等检验检疫要求的公告	国家质量监督检验检疫总局	2015 年 08 月 04 日
关于进口秘鲁鳄梨植物检验检疫要求的公告	国家质量监督检验检疫总局	2015 年 06 月 30 日
关于开展 2015 食品相关产品生产企业调查的通知	国家质量监督检验检疫总局	2015 年 06 月 29 日
关于中国柑橘输往墨西哥植物检验检疫要求的公告	国家质量监督检验检疫总局	2015 年 06 月 25 日
关于防止尼日尔流行性脑膜炎传入我国的公告	国家质量监督检验检疫总局	2015 年 05 月 26 日
关于进口塞内加尔花生检验检疫要求的公告	国家质量监督检验检疫总局	2015 年 05 月 25 日
关于进一步规范进口肉类指定口岸管理的公告	国家质量监督检验检疫总局	2015 年 05 月 25 日
关于中国鲜苹果输往美国植物检验检疫要求的公告	国家质量监督检验检疫总局	2015 年 05 月 20 日
关于进口美国苹果植物检验检疫要求的公告	国家质量监督检验检疫总局	2015 年 05 月 20 日
关于进口澳大利亚鲜食葡萄植物检验检疫要求的公告	国家质量监督检验检疫总局	2015 年 01 月 27 日
关于进口马达加斯加木薯干植物检验检疫要求的公告	国家质量监督检验检疫总局	2015 年 03 月 06 日

续表

法律法规	发布部门	日期
国家质检总局关于进口缅甸大米检验检疫要求的公告	国家质量监督检验检疫总局	2015 年 01 月 26 日
关于中国鲜枣出口南非植物检验检疫要求的公告	国家质量监督检验检疫总局	2015 年 01 月 21 日
质检总局关于进口南非鲜食苹果植物检验检疫要求的公告	国家质量监督检验检疫总局	2015 年 01 月 21 日
出入境特殊物品卫生检疫管理规定	国家质量监督检验检疫总局	2015 年 01 月 21 日
关于防止美国高致病性禽流感传入我国的公告	国家质量监督检验检疫总局、农业部	2015 年 01 月 09 日
关于调整《进出口乳品检验检疫监督管理办法》实施要求的公告	国家质量监督检验检疫总局	2015 年 01 月 08 日
关于进口阿根廷苹果和梨植物检验检疫要求的公告	国家质量监督检验检疫总局	2015 年 01 月 07 日
关于外国驻华外交机构、领事机构和国际组织驻华代表机构进境物品检验检疫有关事项的公告	国家质量监督检验检疫总局	2015 年 01 月 05 日
关于进一步加强白酒小作坊和散装白酒生产经营监督管理的通知	国家食品药品监督管理总局	2015 年 01 月 23 日
关于开展食品安全责任保险试点工作的指导意见	国务院食品安全办、国家食品药品监督管理总局、中国保险监督管理委员会	2015 年 01 月 21 日
关于印发增设允许药品进口口岸的原则和标准的通知	国家食品药品监督管理总局、海关总署	2015 年 01 月 13 日

第三节 国家生物安全相关实验室

截至 2016 年底，我国共建成国家工程中心 347 个，分中心 13 个，共计 360 个。其中，东部地区有 213 个，中部地区有 61 个，西部地区有 62 个，东北地区有 24 个，其中与生物安全相关的实验室如表 5-18 所示（科学技术部基础研究司，2018）。

表 5-18 生物安全相关国家工程技术研究中心名单

中心名称	依托单位
国家蔬菜工程技术研究中心	北京市农林科学院
国家昌平综合农业工程技术研究中心	中国农业科学院
国家杨凌农业综合试验工程技术研究中心	西北农林科技大学
国家中药制药工程技术研究中心	上海市中药制药技术有限公司

续表

中心名称	依托单位
国家中成药工程技术研究中心	辽宁华润本溪三药有限公司
国家纳米药物工程技术研究中心	华中科技大学
国家杂交水稻工程技术研究中心	湖南杂交水稻研究中心
国家小麦工程技术研究中心	河南农业大学
国家玉米工程技术研究中心	吉林省农业科学院、山东登海种业股份有限公司
国家大豆工程技术研究中心	黑龙江省农业科学院大豆研究所、东北农业大学和三江食品公司
国家半干旱农业工程技术研究中心	河北省农林科学院
国家乳业工程技术研究中心	东北农业大学
国家畜工程技术研究中心	华中农业大学、湖北省农业科学院畜牧兽医研究所
国家禽工程技术研究中心	上海家禽育种有限公司、上海市农业科学院
国家新药开发工程技术研究中心	中国医学科学院药物研究所
国家肉类加工工程技术研究中心	中国肉类食品综合研究中心
国家天然药物工程技术研究中心	中国科学院成都生物研究所、成都地奥制药集团有限公司
国家中药现代化工程技术研究中心	珠海丽珠医药集团股份有限公司、广州中医药大学
国家农产品保鲜工程技术研究中心	天津市农业科学院
国家大容量注射制剂工程技术研究中心	四川科伦药业股份有限公司
国家杨凌农业生物技术育种中心	西北农林科技大学
国家淡水渔业工程技术研究中心（武汉）	中国科学院水生生物研究所、武汉多福科技农庄股份有限公司、武汉市农村技术开发中心
国家生物医学材料工程技术研究中心	四川大学
国家饲料工程技术研究中心	中国农业大学、中国农业科学院饲料研究所
国家农业信息化工程技术研究中心	北京市农林科学院、北京农业信息技术研究中心、北京派得伟业科技发展有限公司
国家干细胞工程技术研究中心	中国医学科学院血液学研究所
国家油菜工程技术研究中心	华中农业大学、中国农业科学院油料作物研究所
国家生物防护装备工程技术研究中心	军事医学科学院
国家传染病诊断试剂与疫苗工程技术研究中心	厦门大学、养生堂有限公司
国家重要热带作物工程技术研究中心	中国热带农业科学院
国家兽用生物制品工程技术研究中心	江苏省农业科学院、南京天邦生物科技有限公司
国家马铃薯工程技术研究中心	乐陵希森马铃薯产业集团有限公司
国家手性制药工程技术研究中心	鲁南制药集团股份有限公司
国家免疫生物制品工程技术研究中心	中国人民解放军第三军医大学
国家肉品质量安全控制工程技术研究中心	南京农业大学、江苏省雨润食品产业集团有限公司
国家粮食加工装备工程技术研究中心	开封市茂盛机械有限公司
国家作物分子设计工程技术研究中心	北京未名凯拓农业生物技术有限公司
国家食用菌工程技术研究中心	上海市农业科学院

续表

中心名称	依托单位
国家农业智能装备工程技术研究中心	北京市农林科学院
国家植物航天育种工程技术研究中心	华南农业大学
国家兽用药品工程技术研究中心	洛阳惠中兽药有限公司
国家蛋品工程技术研究中心	北京德青源农业科技股份有限公司
国家生物农药工程技术研究中心	湖北省农业科学院
国家果蔬加工工程技术研究中心	中国农业大学
国家应急防控药物工程技术研究中心	军事医学科学院
国家设施农业工程技术研究中心	同济大学、上海都市绿色工程有限公司
国家联合疫苗工程技术研究中心	武汉生物制品研究所有限责任公司
国家远洋渔业工程技术研究中心	上海海洋大学
国家杂粮工程技术研究中心	黑龙江八一农垦大学、大庆中禾粮食股份有限公司
国家海洋设施养殖工程技术研究中心	浙江海洋大学[①]、浙江省海洋水产研究所和浙江大海洋科技有限公司
国家菌草工程技术研究中心	福建农林大学
国家农产品智能分选装备工程技术研究中心	合肥美亚光电技术股份有限公司
国家粳稻工程技术研究中心	天津天隆农业科技有限公司
国家海洋食品工程技术研究中心	大连工业大学
国家生猪种业工程技术研究中心	广东温氏食品集团股份有限公司、华南农业大学
国家饲料加工装备工程技术研究中心	江苏牧羊集团有限公司
国家种子加工装备工程技术研究中心	酒泉奥凯种子机械股份有限公司
国家抗艾滋病病毒药物工程技术研究中心	上海迪赛诺药业股份有限公司

部分生物安全相关国家工程技术研究中心情况如下。

1. 国家蔬菜工程技术研究中心

北京市农林科学院蔬菜研究中心始建于 1958 年, 1992 年依托该中心开始筹建"国家蔬菜工程技术研究中心", 1995 年被科技部正式认定。中心下设 9 个研究室、4 个跨学科综合实验室和 8 个蔬菜工程中心中试基地。依托该中心建成的农业部蔬菜种子质量监督检验测试中心于 2013 年成为我国首个通过国际种子检验协会(ISTA)认证的检测实验室。中心平均每年主持的省部级以上研究项目近 50 项,为该领域的科学研究和现实应用创造了巨大的收益。中心的研究重点是解决蔬菜生产各环节的关键技术问题,开展跨学科研究创新生产技术,为我国蔬菜产业的发展添砖加瓦。[②]

---

① 原浙江海洋学院。
② 国家蔬菜工程技术研究中心. http://www.baafs.net.cn/xxy.aspx?id=2140[2019-4-18].

2. 国家昌平综合农业工程技术研究中心

该中心依托中国农业科学院，于 1991 年 11 月经国家科学技术委员会批准正式开始组建，1995 年 9 月通过国家科学技术委员会的验收并正式投入运行（中国农业科学院，1996）。中心的重点开发领域有：蔬菜、花卉、作物新品种选育；蔬菜、花卉、作物种子与种苗技术开发；花卉组培与生产综合技术开发；专用面粉与食品加工技术开发；家禽繁育技术与饲养技术开发；作物种子、花卉种苗开发与经营；种禽开发与供应。

3. 国家杨凌农业综合试验工程技术研究中心

该中心于 1992 年由科技部批准成立，2013 年经科技部批准，依托单位由杨凌农业高新技术产业示范区变更为西北农林科技大学。中心以西北特色农产品的安全、营养、功能为核心，以标准化农艺工程、设施园艺工程、农产品质量安全工程和农产品功能化循环加工工程为手段，系统构建西北特色农产品营养功能化循环加工工程技术平台，农产品质量安全检测、监测、评价、控制技术平台，构筑面向西北特色农产品生产企业集群服务的绿色安全保护屏障（西北农林科技大学园艺学院，2013）。

4. 国家杂交水稻工程技术研究中心

国家杂交水稻工程技术研究中心依托湖南杂交水稻研究中心，创始人为"杂交水稻之父"袁隆平院士，是首个专研杂交水稻的科研机构。该中心的研究重点主要有优质高产且具多抗性的杂交水稻选育，杂交水稻栽培等应用技术研究，杂交水稻米质分析、纯度检测研究，杂交水稻分子技术、转基因技术等基础理论研究。此外还进行杂交水稻的推广工作，提供杂交水稻技术培训。中心有 1 个国家重点实验室、1 个国家工程实验室、2 个试验基地，还有联合国粮食及农业组织杂交水稻研究培训参考中心，并出版有《杂交水稻》期刊。该中心的研究团队超级稻育种研究大力推进了杂交稻亩产量的提升。2014 年，中国超级杂交水稻已实现亩产 1000 千克，当前进行的研究计划拟将亩产量再提升 60 余千克（国家杂交水稻工程技术研究中心，2015）。

5. 国家小麦工程技术研究中心

该中心依托河南农业大学，于 1996 年经科技部批准组建，由河南省科技厅主管,并于 2000 年通过验收。该中心拥有多个研究室和实验室、20 余个试验站和基地,除科研部门外还有专门的开发经营部,同时成立有河南国家小麦工程技术开发公司。其主要从事的研究方向为小麦生理生态研究、小麦生育调控技术研究、小麦遗传育种等。

6. 国家玉米工程技术研究中心

国家玉米工程技术研究中心(山东)依托山东登海种业股份有限公司,于 1996 年组建,现有试验用地面积 3000 余亩、科研场所 37 000 米², 技术培训中心 2800 米²、育种温室 12 000 米²、晒场 15 000 米²、恒温库 3200 米², 承担省部级科研项目 20 余项,同时开展产学研合作,先后与国内外 20 余家科研院校建立了长期合作关系。①

国家玉米工程技术研究中心(吉林)依托吉林省农业科学院,由科技部于 1996 年批复组建(吉林省农业科学院,2013)。主要研究开发和服务领域有:玉米品种选育;玉米种子技术开发;玉米繁种、制种技术开发;玉米高产综合配套技术开发;玉米生产机具研制开发;玉米加工技术开发;玉米科技、学术交流;玉米系列技术培训与服务;玉米种子开发与经营。

7. 国家半干旱农业工程技术研究中心

该中心依托河北省农林科学院,1996 年由科技部批准组建,主管部门为河北省科学技术厅。中心内设农业节水工程技术研究处、农艺技术研究处、农业科技咨询评估处、科技管理处、综合办公室五个处室,设有院士工作站、鹿泉综合试验基地、南宫试验示范基地、廊坊信息技术试验站、邯郸特色作物试验站、邢台水溶肥试验站、河北省农业节水设备质量监督检验中心、土壤修复检测评估中心、现代农业技术转移服务中心等机构,牵头组建河北省节水农业科技园区、河北省农业科技园区技术创新战略联盟、京津冀水肥一体化产业创新联盟等创新创业平台。中心重点面向我国北方干旱、半干旱地区农业可持续发展的技术需求,开展农业节水抗旱工程技术研究开发与推广应用。其主要职责是承担国家和地方下达的旱作与节水农业工程化技术等研究任务,组织有关科研单位和推广机构进行科技攻关,开展技术成果的引进开发和组装集成及工程化技术的宣传和推广,开展农业科技管理服务及科技

---

① 中心概况. http://www.sddhzy.com/news/zxgk/zxgk.html[2019-4-18].

发展战略研究。[1]

8. 国家乳业工程技术研究中心

该中心前身是黑龙江省乳品工业研究所，于 1996 年经科技部批准组建，是国内乳品行业唯一一家国家级工程技术研究中心。中心主体技术的发展定位是解决我国乳品加工企业共性关键技术和应用型技术的研究与成果工程化。中心拥有乳品研究机构、乳品标准化和质量监督机构、乳品标准化中心，以及信息中心和培训中心，为我国乳品行业提供从技术、信息、标准制定到质检监督、专业培训等一系列支持（东北农业大学，2016）。

9. 国家家畜工程技术研究中心

该中心依托华中农业大学和湖北省农业科学院畜牧兽医研究所，于 1996 年经科技部批准开始组建。中心在优质瘦肉猪新品种（系）培育与配套系组装、规模养猪现代工艺技术与管理、系列化饲料产品研制与开发、家畜重大疫病防控与净化、环境监测与控制、种猪质量检测等领域保持国内领先水平。其主要研究内容有：①家畜良种繁育工程化技术体系；②家畜规模化养殖先进生产工艺与科学管理工程化技术体系；③家畜规模化养殖饲料营养工程化技术体系；④家畜疾病监控与净化工程化技术体系；⑤家畜规模化养殖生产环境系统工程技术体系；⑥家畜工程技术人才培训体系建设。[2]

10. 国家家禽工程技术研究中心

国家家禽工程技术研究中心于 1997～1999 年组建，2000 年 9 月通过科技部的验收评估开始正式运行，依托于上海家禽育种有限公司、上海市农业科学院。其主要致力于研究我国家禽产业化生产过程中所需的家禽新品种选育、营养与饲料、疫病检测与防控、环境控制和资源利用以及禽产品安全等关键性工程化技术和相应产品的开发，提供配套的产业发展综合服务。家禽中心现拥有 28 个产业技术示范基地，其中自建 7 个，合作基地 21 个，并计划达到产业技术示范基地 30 家的目标（国家家禽工程技术研究中心，2018）。

---

[1] 中心简介. http://www.gjbghzx.cn/plus/list.php?tid=2.[2019-12-19]
[2] 中心概况. http://nbst.hzau.edu.cn/zxgk1/zxjj/gczx.htm[2019-4-18].

11. 国家杨凌农业生物技术育种中心

国家杨凌农业生物技术育种中心依托西北农林科技大学，1999 年由科技部批准成立，2003 年 3 月通过科技部验收。该中心承担了约 70 项省部级以上研究课题。其主要研究进展：首先，在农作物品种选育上，主要体现在高稳产优质小麦、玉米、油菜等品种的育种上；其次，是杂交小麦研究进展，"西杂 1 号"小麦初步完成了制种和高产技术配套研究，温敏不育系研究扩大了小麦的利用地域而增加了其利用价值；最后，还有生物技术领域的进展，如针对小麦的细胞工程育种技术和染色体工程育种技术，以及针对多种经济作物的基因工程育种技术。这些研究为走向应用奠定了初步基础（西北农林科技大学，2011）。

12. 国家淡水渔业工程技术研究中心（武汉）

国家淡水渔业工程技术研究中心（武汉）于 2000 年经科技部批准组建，由中国科学院水生生物研究所、武汉多福科技农庄股份有限公司和武汉市农村技术开发中心三方联合组建。该中心以中国科学院水生生物研究所为技术依托、武汉多福科技农庄股份有限公司为养殖示范和开发基地，将在优良水产养殖品种的繁育、水生动物保健、新的养殖模式的建立等方面，开展适合我国国情的成果转化与产业化，推广新的水产技术，普及水产科学知识，促进我国水产业的持续健康发展。

13. 国家农业信息化工程技术研究中心

该中心于 2001 年由科技部批准组建，2002 年由农业部批准为农业部农业信息技术重点开放实验室，拥有北京市农业信息技术重点开放实验室、农业部农业信息技术重点开放实验室和农业部农业信息技术创新中心、博士后科研工作站，下设 4 个管理机构和 12 个研究部门及 1 个成果转化部，是专研农业及农村信息化工程技术的科研机构。[1]中心主要研究方向有农业信息标准及农业信息资源数据库、农业信息化技术等，致力于开发农业信息系统、构建面向农民的信息服务体系，为我国农业农村信息化提供支持。

---

[1] 国家农业信息化工程技术研究中心. http://www.baafs.net.cn/xxy.aspx?id=2139[2019-4-18].

14. 国家油菜工程技术研究中心

国家油菜工程技术研究中心成立于 2002 年，由华中农业大学和中国农业科学院油料作物研究所承担项目。中心主要针对我国油菜产业发展存在的整体技术水平落后、单项技术成果分散、集成配套能力差、转化的中间环节薄弱、推广力度不够等问题开展研究，以改良油菜品质、提高产量、简化栽培、降低成本、加工增值等方面为重点目标，在育种、栽培、加工上进行创新研究、引进和成果集成及产业化开发。[1]其主要任务包括：①油菜种质资源的创新与利用；②选育芥酸含量低于 1%，硫苷含量<30 微摩尔/克，油分高于 41%～42%（高油分品种含油量达 45%），耐菌核病与"中油 821"相当的组合（品系）；③选育适合西北地区麦后复种双低饲料油菜的品种[硫苷含量<30 微摩尔/克（饼），芥酸含量<2%，亩产鲜草 3 吨，干样粗蛋白含量>20%，粗脂肪含量>3.5%，纤维素含量<12%，无氮浸出物含量>35%]，并对其加工技术及生态条件影响进行的研究；④高产高效栽培技术产业化研究，包括保优、节本、增效简化、免耕直播、免耕移栽等耕作工艺及栽培技术的研究；⑤油菜籽加工新工艺技术研究；⑥建立双低杂交油菜及常规油菜原种繁殖基地，制定杂种制种及良种繁育技术操作规程；⑦信息、品质检测及人才培养；⑧建立油菜生产、市场、销售信息服务网络。

15. 国家重要热带作物工程技术研究中心

该中心是科技部于 2007 年 4 月正式批准，依托中国热带农业科学院组建的我国唯一以热带作物作为主要对象的工程技术研究中心。中心以橡胶树、甘蔗、木薯、香蕉、菠萝、杧果、香草兰、胡椒、咖啡、可可、椰子、澳洲坚果、沉香、艾纳香等为研究对象，以产品开发、优良种苗产业化与推广、工程技术集成与应用为重点，致力于创新我国热带作物产业所需的相关技术，提升核心竞争能力，推动我国热带作物产业升级，并为我国热带农业实施"走出去"战略提供技术支撑[2]。

16. 国家兽用生物制品工程技术研究中心

该中心于 2007 年由科技部批准立项，以江苏省农业科学院和南京天邦

---

① 国家油菜工程技术研究中心. http://www.oilcrops.com.cn/kypt/gcjzzx/93619.htm[2019-4-18].

② 中心概况. http://itc.catas.cn/gycd/[2019-4-18].

生物科技有限公司为依托组建并于 2010 年通过验收。中心现设有疫苗抗原创制、疫苗创造技术、动物疫苗产品 3 个研究室，涵盖原核表达系统、真核表达系统、病毒活载体系统、细胞工程技术、耐热剂型技术、佐剂技术、禽用生物制品和猪用生物制品 8 个研究方向；其研发出的动物细胞自悬浮技术、抗原规模化高效纯化、疫苗佐剂工程技术、活疫苗耐热技术等多项自主知识产权成果达到国际先进和国内领先水平。中心创制了"鸡用多联灭活疫苗""禽流感（H9 亚型）灭活疫苗（HNO3 株）"等多项疫苗产品并实现了许可转让，取得了良好的经济和社会效益（南京天邦生物科技有限公司，2017）。

17. 国家马铃薯工程技术研究中心

该中心于 2007 年 11 月经科技部批准成立，2011 年通过科技部验收。该中心的主要研究成果是马铃薯品种改良创新、脱毒监测，以及马铃薯加工产品的研发，拥有优良对外开放合作机制和机构设置（科学技术部，2011）。中心以乐陵希森马铃薯产业集团有限公司在建的马铃薯全粉和薯条加工厂为加工新产品、新工艺的研发基地，以内蒙古、黑龙江、吉林、云南的马铃薯加工企业示范、推广基地，形成有机的研发推广网络体系，为我国马铃薯工程技术研发和推广提供科技平台。中心的主要研究内容包括：种质资源发掘、评价与创新、育种新技术研究与新品种选育、各级别脱毒种薯繁育标准化与栽培技术标准化研发、储藏技术与产后生理学研究和加工新工艺与新产品研发等。

18. 国家粮食加工装备工程技术研究中心

该中心于 2009 年 2 月由科技部批准组建，依托开封市茂盛机械有限公司。其研究方向为粮食加工装备的大型化、集约化、技术集成和工程化。中心致力于新技术和新装备的技术集成和工程化推广应用，推动我国粮食加工业装备和技术的进步与创新，促进技术升级和粮食加工产业的发展。自组建以来，该中心已获得国家授权专利 57 项，其中发明专利 4 项；承担各类科研计划 14 项，其中国家级 4 项；鉴定科技成果 16 项，成果整体技术水平国内领先[①]。

19. 国家食用菌工程技术研究中心

该中心由科技部于 2009 年批准组建。中心依托上海市农业科学院运作，

---

① 国家粮食加工装备工程技术研究中心. http://www.maosheng.com.cn/intro/5.html[2019-4-18].

实行管理委员会领导下的中心主任负责制，设有全国专家组成的专家技术委员会作为管理委员会的技术和政策咨询部门。中心的目标为建成一个具有国际一流科研设施和人才队伍的食用菌国家级研发基地，通过构建诸如品控、品种质量提升等食用菌产业相关技术体系，成为我国食用菌行业的领军者和技术创新的源泉。通过承担国家重大科研项目，开展国内外技术合作交流，形成食用菌工程技术研发的持续创新能力，建立食用菌工程技术研发体系及相应的技术标准，培养一批高素质技术人才，服务全国食用菌产业，为实现我国食用菌可持续发展、占据现代食用菌产业的技术制高点、促进技术成果的产业化提供技术支撑，促进我国由食用菌生产大国向强国的转变。[①]

20. 国家农业智能装备工程技术研究中心

该中心由科技部批准，组建于 2010 年 4 月，以该中心为核心，除科研机构、示范基地之外，还建有企业，形成了产业化集群模式，为促进农业装备产业的发展，用智能化装备武装北京现代农业。中心主要研发农业智能装备的关键技术、系统集成和通信标准，致力于农业智能装备的技术升级、使用体验的提升和使用成本的降低，使之适应我国农业生产的实际，并推动新装备新技术的应用，促进我国农业智能装备的产业化。

21. 国家植物航天育种工程技术研究中心

该中心依托华南农业大学于 2009 年获科技部批准立项建设，是我国植物航天育种领域的核心研发平台。中心致力于将航天诱变技术和现代生物技术相结合培育优质作物新品种，同时对新品种进行评估利用，推动其产业化。该中心的研究有助于促进我国航天技术更好地服务基本生活领域，服务农业生产，提升我国农业发展的可持续性。

22. 国家兽用药品工程技术研究中心

该中心由科技部于 2014 年批准验收，依托于洛阳惠中兽药有限公司（科学技术部，2014）。中心致力于研究兽用原料药、高新制剂等方面关键技术并对其进行推广，开发新型绿色兽药，开发诸如药物分子包被技术、缓释与控释技术等的兽用品行业关键技术，推动我国兽用药行业的发展创新及产业

[①]　国家食用菌工程技术研究中心. http://www.saas.sh.cn/syj/ptjs/gjsyjgcjsyjzx[2019-4-18].

升级。

23. 国家生物农药工程技术研究中心

该中心依托湖北省农业科学院，于 2011 年由科技部批准设立，是当年唯一有关生物农药研究的国家级工程技术中心。该中心设有综合管理办公室、计划财务部、研究开发部、成果转化与推广部及中试基地；研究开发部拥有发酵工程研究室在内的 5 个研究室。该中心研究重点是生物农药的研发和成果转化，开发工程化、产业化技术，解决该行业面临的各种问题。该中心的目标是打造同国际接轨的微生物技术综合链式服务大平台，服务院所高校、生物企业、绿色及有机农产品基地，共同推动我国食品安全以及农业的可持续发展（湖北省农业科学院，2018）。

24. 国家设施农业工程技术研究中心

该中心于 2011 年 1 月由科技部批准建立，建设单位为同济大学和上海都市绿色工程有限公司。其宗旨与任务是：以同济大学为依托，联合上海市相关单位，进行多学科交叉、拓展，强化设施农业领域工程技术和基础理论研究，建立促进成果转化的相关机制；培养、聚集行业相关专业的高水平工程技术人才和管理人才，为设施农业工程行业提供工程技术培训（同济大学新农村发展研究院，2014）。

25. 国家远洋渔业工程技术研究中心

国家远洋渔业工程技术研究中心成立于 2012 年 1 月，依托上海海洋大学，被列入 2011 年度国家工程技术研究中心组建项目。中心致力于解决我国远洋渔业面临的问题、推动远洋渔业技术进步，主要研究方向为渔业资源、渔业装备的开发以及远洋渔情预报，以期缩小我国远洋渔业与先进国家的差距。同时注重远洋渔业技术成果的经济转化，促进可持续发展。

26. 国家杂粮工程技术研究中心

该中心依托黑龙江八一农垦大学和大庆中禾粮食股份有限公司，于 2011 年 12 月获科技部批准建设。该中心拥有三个核心技术研发创新团队以及一套自主系统的杂粮生产及技术产业化体系，致力于研究杂粮领域的高新技术并促进其成果转化，推动杂粮产品产业的良性发展，并为相关企业提供支持与服务（黑龙江八一农垦大学，2016）。

27. 国家海洋设施养殖工程技术研究中心

2011 年，科技部正式批准建立依托浙江海洋大学、浙江省海洋水产研究所和浙江大海洋科技有限公司的国家海洋设施养殖工程技术研究中心。该中心的研究主要有海洋设施养殖工程装备与技术、海洋设施高效增养殖技术、海洋设施养殖配套技术和海洋设施养殖工程装备辅助技术等四大方向[①]。截至 2017 年，该中心共承担省部级以上科研项目 180 项，制定技术标准和行业规范 10 项，于 2016 年获国家科学技术进步奖二等奖。[②]

28. 国家菌草工程技术研究中心

该中心是科技部于 2011 年 12 月批准组建的中国唯一的国家级菌草技术科研平台。该中心充分依托福建农林大学的农产品品质与安全、生物工程技术、农业生态和生态学等学科优势，为国家菌草中心的科学研究、人才培养和产业化应用提供支持。中心致力于研究并创新菌草工程技术，为菌草产业提供科技支持和咨询服务；开展国内外合作交流，引进先进技术、促进自主技术升级；为菌草行业培养高水平人才，不断注入生机；为推进我国菌草行业的发展提供支撑，并利用行业特色来响应国家的精准扶贫政策。[③]

29. 国家农产品智能分选装备工程技术研究中心

该中心于 2011 年 12 月获科技部批准组建，依托合肥美亚光电技术股份有限公司，2016 年 12 月通过验收。截至 2016 年 12 月，该中心开发了系列数字化智能色选机、黄曲霉毒素分选装备等 20 余项技术水平国际先进的农产品智能分选装备，产品出口至近百个国家和地区，多项产品国内市场占有率第一，使中国成为全球色选机普及率最高的国家，有力地保障了中国人餐桌上的安全。该中心组建了一支技术水平高、工程化能力强的研发队伍，并通过开放服务为机械化制种、粮食收储等行业提供了针对性的智能分选解决方案（美亚光电，2016）。

---

① 中心简介. http://hyss.zjou.edu.cn/zxgk/zxjj.htm[2019-4-18].
② 科研成果. http://hyss.zjou.edu.cn/fy_list.jsp?urltype=tree.TreeTempUrl&wbtreeid=1202[2019-4-18].
③ 中心简介. http://www.juncao.org/index.php?p=about&lanmu=11&c_id=10&lc_id=32&active=1[2019-4-18].

30. 国家粳稻工程技术研究中心

该中心于 2011 年 12 月由科技部批准组建,以天津天隆农业科技有限公司为依托,是国内外第一家专门从事粳稻研发的科研机构。该中心的研究主要针对我国粳稻行业发展中存在的瓶颈及技术问题,旨在实现粮食增产、企业增效和产业延伸,工作重点是开展强优势粳稻新品种选育及工程化开发、产业化关键技术集成与示范。其工作内容有:①杂交粳稻优势机理与亲本创制研究、粳稻新品系(组合)选育研究、粳稻分子育种研究和粳稻配套应用技术研究;②杂交粳稻亲本繁殖、杂交制种、高产栽培等配套应用技术研究及杂交水稻示范推广;③杂交粳稻资源收集与鉴定、种子纯度检测和米质分析等研究与服务;④杂交水稻技术国际培训与开发。①

31. 国家海洋食品工程技术研究中心

该中心依托于大连工业大学,于 2017 年 7 月通过科技部验收。该中心从支撑海洋经济发展的国家战略需求出发,以促进海洋食品产业的可持续发展为目标,在海洋食品加工理论与技术的研究、海洋生物活性物质的研究与开发、海洋食品质量与安全控制、海洋食品加工技术装备等领域取得了一批重要成果,产生了显著的经济效益和社会效益(科学技术部,2017c)。该中心的职能是开展海洋食品加工共性核心技术研究,开发市场潜力大、附加值高的海洋食品,探索海洋食品加工的科学技术与海洋食品产业经济结合的新途径,加强科技成果向生产力转化,促进科技产业化,推动集成、配套的工程化成果向相关行业辐射、转移与扩散②。

32. 国家生猪种业工程技术研究中心

该中心依托广东温氏食品集团股份有限公司和华南农业大学,于 2013 年 4 月 9 日获得科技部立项。该中心的职能是打造一流的生猪种业科研开发、技术创新和产业化基地,建立适应市场化机制的生猪种业全产业链"繁、育、推"一体化的工程技术体系,推动集成、配套的工程化成果向行业辐射、转移与扩散,担当我国种猪行业的技术源头,促进我国生猪种业的崛起。其主要研究方向为种猪资源保存与利用工程技术、种猪商业化育种工

---

① 中心简介. http://www.ttcia.com/com_info.php?id=1446&bid=420&pid=417 [2019-12-19].

② 中心简介. http://www.seafood-dl.com/cn/about[2019-4-18].

程技术、种猪繁殖工程技术、种猪营养与饲料工程技术和种猪产业化配套工程技术。[①]

33. 国家饲料加工装备工程技术研究中心

该中心依托江苏牧羊集团有限公司于 2013 年获科技部批准建立，成为扬州市首个国家级工程技术研究中心。中心致力于建设技术研发平台和试验测试平台，推动饲料设备的更新和相关技术的创新发展，推动饲料产业向绿色环保转型，同时为饲料行业提供一套设备标准；建立服务培训平台，培养技术人才，为饲料加工企业提供技术支持。[②]

34. 国家种子加工装备工程技术研究中心

2017 年 9 月，依托酒泉奥凯种子机械股份有限公司建立的国家种子加工成套装备工程技术研究中心通过科技部验收。该中心自组建以来，建立了有效的运行机制和管理制度，牵头组建了种业装备技术创新战略联盟，形成了一支专业结构合理、工程化能力强的创新团队。该中心还研究完成了适合玉米、水稻、小麦、蔬菜、花卉等种子清选、干燥、精选分级、包衣、包装和仓储技术装备，突破了种子加工装备工程化系列关键技术，研发了 5 项新技术、10 种新产品，有力地推动了种业的发展。并通过科技成果的有效转化与辐射推广，提升了我国种子加工装备行业技术整体水平（科学技术部，2017d）。

35. 国家抗艾滋病病毒药物工程技术研究中心

2018 年 7 月，依托上海迪赛诺药业股份有限公司组建的国家抗艾滋病病毒药物工程技术研究中心进行科技部的验收。该中心围绕保障我国抗艾滋病病毒药物用药的重大需求，在合成生物学技术等七大领域形成了系统的核心技术体系，提升了我国抗艾滋病病毒药物产业整体水平和竞争力；突破了绿色合成技术和复方制剂技术等关键技术，其 9 个抗艾滋病病毒药物制剂完成了临床及申报注册工作；完成世界卫生组织推荐的抗艾滋病二、三线药物

① 国家生猪种业工程技术研究中心通过科技部验收. https://www.scau.edu.cn/2017/0928/c1300a49816/page.htm [2019-12-19].
② 国家饲料加工装备工程技术研究中心落户牧羊集团. http://www.feedtrade.com.cn/news/enterprise/2013-05-06/2011268.html [2019-12-19].

开发和技术储备 10 项；获得美国食品和药物管理局批准制剂产品 1 项，获世界卫生组织批准的制剂产品 2 项。通过该中心的建设，抗艾滋病病毒药物国产化水平显著提升，组建期间，三年累计实现销售收入超过 50 亿元。抗艾滋病病毒药物一线重点产品国际市场占有率达 38% 以上，推动了我国抗病毒治疗的普及，为国家节省治疗经费 100 多亿元（科学技术部，2018）。

第四节　我国生物安全领域存在的问题和建议

生物安全是国家安全的重要组成部分。随着生物科技的发展和国际局势的风云变幻，各国政府越来越重视生物安全，纷纷将其纳入国家战略进行重点维护。我国是当今世界上发展迅速的新兴经济体，在世界多极化格局尚不明朗之时正处于博弈的核心阶段，面临着严峻的生物安全威胁（贺福初和高福锁，2014）。当前我国生物安全防控面临的重大挑战包括生物武器、生物恐怖袭击、新发突发传染病传播和扩散等。

一、生物安全防控面临的重大挑战

（一）生物武器等大规模杀伤性武器威胁仍然存在且越发复杂难控

2019 年 4 月，美国国防部提交众议院军事委员会的报告指出，由于更广泛的地缘政治变动和大国竞争，大规模杀伤性武器威胁变得越来越复杂、越来越难以控制；一些非国家主体的极端主义组织仍在获取和使用大规模杀伤性武器，部分国家也在推进核化生武器的研究。尽管目前及未来网络技术、无人机技术、生物技术等技术发展态势喜人，但这些技术尤其是生物技术可能带来一系列具有潜在大规模杀伤力的新型武器（Whelan，2019）。简而言之，生物武器等威胁仍然存在并将持续存在，而国际局势变幻复杂、各国科技迅速发展，都提升了控制、应对其威胁的难度。利用炭疽杆菌、天花病毒等病原微生物制作的生物战剂成本低、危害大，如被大量用作生物武器发动生物战，将给人类和地球带来不可估量的灾难。尽管截至 2018 年 10 月，已有 182 个国家签订联合国《禁止生物武器公约》[①]，但就签订一份核查机制明确、具有法律约束力的议定书的谈判仍未达成一致。该公约实则难以落实。

（二）生物恐怖袭击尚未发生但威胁不容忽视

CDC 对生物恐怖袭击的定义是故意释放病毒、细菌、毒素或其他有害物质制剂，导致人、动物或植物伤亡的恐怖主义事件[②]。美国马里兰大学恐怖主义数据库统计，自 20 世纪 80 年代以来，全球共发生了 36 起已定性的生物恐怖袭击事件（University of Maryland，2018），如 1984 年拉杰尼希制造的达拉斯市沙门菌中毒事件、2001 年美国"炭疽邮件"事件等。目前，我国尚未发生大规模生物恐怖袭击事件，但鉴于部分具备大规模伤害能力的生物战剂制作成本低，且全球现有数百个恐怖主义组织，我们仍应时刻警惕生物恐怖袭击的威胁。

（三）新发突发传染病不断涌现，威胁健康安全

2017 年，在由我国科技部重大专项办公室主任陈传宏主持的"国家科技重大专项传染病防治专项"新闻发布会上，各发言人表示，近年来我国在新发突发传染病应急处置方面的工作较"非典"期间已有极大的改善。得益于应急科研水平的提升，我国疾病应急系统已经较为成功地应对了 H7N9、甲流、埃博拉、寨卡、黄热病、中东呼吸综合征等新发突发传染病（陈传宏等，2017）。但随着全球化趋势进一步深化、人口国际流动频次增加，全球性新发突发传染病还将不断涌现，时刻考验着我国的应急科研能力和突发疾病应对处理能力。美国国家情报委员会预测，2025 年可能暴发波及世界近 1/3 人口、导致数万人死亡的传染病疫情。因此，新发突发传染病威胁也不容忽视，应继续推进疾病应急系统的建设工作（刘水文和姬军生，2017）。

我国生物安全建设受到各方高度重视基本始于 2003 年"非典"之后。多年来，我国建立了一批生物安全防护三级实验室（P3 实验室），生物安全

---

① 禁止生物武器公约. https://www.fmprc.gov.cn/web/ziliao_674904/tytj_674911/zcwj_674915/t119271.shtml[2019-4-19].

② Bioterrorism. https://www.cdc.gov/anthrax/bioterrorism/index.html[2019-12-19].

防护四级实验室（P4 实验室）也在推进建设中，为提升我国的生物安全提供了科研保障；政策行动上，近年来我国也陆续制定了一系列规划和法规来确保生物安全。总体上，我国生物安全防控能力相较于 2003 年以前有了显著提升，但面对日益严峻、不断发展变化着的生物安全挑战，仍存在不足。

二、我国生物安全防控存在的不足

（一）生物安全举措侧重前期准备，防控工作未成体系

纵观我国颁布的与生物安全相关的行动计划，大都以制定相关标准法规、加强相关科研等事前预防准备措施为主，虽均涉及加强监测与监督，但对执行机构未有明确规定，诸如各级疾病预防控制中心之间、疾病预防控制中心与传染病医院以及卫生部门之间关于生物安全防控的权责尚不明晰，相关机构存在资源分散和协调性不佳的问题。此外，包括全民生物安全意识普及、信息公开机制、舆情处理机制等诸多辅助工作的细节仍有亟待完善之处，一个具体到部门的、从预防到监测到控制到后续处理的完整防控体系尚未形成。

（二）生物安全防控力量"重文轻武"

这一点主要针对生物战和生物恐怖主义的威胁而言。世界其他大国，如美国拥有 20 支应急救援队（约 4000 人）来应对和处理核生化恐怖袭击；俄罗斯、日本等也先后组建了生物安全快速反应部队。目前，我国在此方面的武力建设稍显薄弱（刘水文和姬军生，2017），一旦发生大规模生物恐怖袭击事件，尽管我国的医疗卫生体系在一定程度上能够减轻其影响，但由于缺乏相关暴力机关的建设、相关人员也缺乏生物战和生物恐怖主义的实战演习，抵御和反击生物恐怖及生物战的力量较为有限。

（三）生物安全技术已有发展，但仍相对薄弱

我国已建立了一批 P3 实验室来研究通过呼吸途径使人感染的致病微生物或毒素，但对更高危险度、尚无疫苗和治疗方法的病原体进行研究的 P4

实验室目前还存在相当的空白。此外，我国生物毒株库建设也相对薄弱。目前，世界最大的毒株库在美国，其中有一百余种烈性或生物武器级毒株。这在一定程度上也影响了我国烈性传染病疫苗的研制工作，生物武器侵害的技术抵御能力有待提升。

三、我国生物安全防控领域相关建议

针对当前越发严峻复杂的生物安全形势和我国在生物安全防控上存在的不足，本书谨提出以下几点建议。

（一）加快完善我国的生物安全防控体系

明确国家卫生健康委员会、国家安全委员会、各级疾病防控中心、医院及科研机构之间在生物安全防控问题上的权责关系，整合疾病控制和医疗救助资源，整合生物安全相关信息，形成从预警、监测、信息公开到行动部署的一体化数据信息网络，最大限度地发挥各单位优势资源的效用。在国家安全委员会下设立一个生物安全专门机构，负责统筹相关单位的工作，在紧急事件发生时能够及时发挥指挥作用，协调并调动各单位投入明确的应急行动。

在大流行性传染病、生物反恐等全球性的生物安全事件上展开国际合作，完善现有的全球生物安全信息监测网络，共享生物安全事件发展的势态信息和有效的控制措施。

（二）提高全民生物安全防控意识，建设军队相关力量

加强针对民众的生物安全教育，在学校及企业单位等思想政治类课程和会议中融入生物安全知识，普及在各类生物安全事件发生时民众所能采取的一些自我保护行动。利用媒介融合势头，制作低接受门槛、符合互联网时代大众信息接触规律的多媒体科普宣传栏目，力争在全民范围内提高生物安全防控意识。同时要利用议程设置规律，注意宣传的适度性，避免引发不必要的恐慌心理。

提高军队的生物安全意识和生物安全应对能力，包括思想教育、理论普及和必要的生物战演习。同时依据军队实际，建立高效的生物安全防控体系，成立生物安全快速反应队，提升我国生物安全防控的硬实力。在此基础上，推进军民融合进程，建立生物安全事件统一应急指挥体系，协调军民行动，打破前后方壁垒，提升国家应对生物安全事件的整体能力。

（三）加快实验室建设，提高防控科技水平

生物安全预警和事后救治方案离不开科学技术的支撑，缺失关键科技的生物安全防控体系应对效力也将事倍功半。为此，须加快实现在各省（自治区、直辖市）均分布有 P3 实验室的目标，推进 P4 实验室的建设和投入使用。加大生物安全科研投入，保障科研人才的生活与健康安全，鼓励创新，提升我国生物安全防控的科技水平，为应对生物安全事件提供科技支撑。

附　录

附录 1   重大项目和计划

  针对我国各类科技计划（专项、基金等）存在着重复、分散、封闭、低效等现象，多头申报项目、资源配置"碎片化"等突出问题和实施创新驱动发展战略的要求，国务院于 2014 年发布了《关于深化中央财政科技计划（专项、基金等）管理改革的方案》，将原有科技计划合成了国家自然科学基金、国家科技重大专项、国家重点研发计划、技术创新引导专项（基金）、基地和人才专项五大类，并在 2017 年全面按照这五类科技计划运行（国务院，2015）。

一、国家重点研发计划

  2017 年，科技部公示了 2017 年国家重点研发计划 40 多个重点专项的立项清单，公示项目的总经费近 230 亿元，其中生物安全相关项目经费达约 10.9 亿元（附表 1）。

附表 1　2017 年国家重点研发计划生物安全相关项目清单

项目名称	牵头承担单位	负责人	财政经费/万元	周期/年
"生物安全关键技术研发"重点专项				
入侵植物与脆弱生态系统相互作用的机制、后果及调控	复旦大学	杨　继	1480	3
重要疫源微生物组学研究	浙江大学	肖永红	2834	3
生物危害模拟仿真和风险评估关键技术研究	中国人民解放军军事医学科学院生物工程研究所	郑　涛	2689	3
重要病原体的现场快速多模态谱学识别与新型杀灭技术	中国工程物理研究院流体物理研究所	赵剑衡	2831	3
重大动物源性病原体传入风险评估和预警技术研究	中国动物卫生与流行病学中心	黄保续	1538	3

续表

项目名称	牵头承担单位	负责人	财政经费/万元	周期(年)
重大/新发农业入侵生物风险评估及防控关键技术研究	中国农业科学院植物保护研究所	张桂芬	2968	3
"食品安全关键技术研发"重点专项				
重要食源性致病菌耐药机制及传播规律研究	上海交通大学	施春雷	2980	5
食品典型污染物及潜在风险物质危害识别与毒性作用模式研究	复旦大学	屈卫东	2075	5
主要畜禽产品中关键危害物迁移转化机制及安全控制机理研究	中国农业科学院农业质量标准与检测技术研究所	苏晓鸥	2141	5
食品加工与食品安全的互作关系与调控基础研究	江南大学	陈　坚	2239	5
食品污染物暴露组解析和总膳食研究	国家食品安全风险评估中心	李敬光	2679	5
粮油食品供应链危害物识别与防控技术研究	合肥工业大学	郑　磊	2510	5
水产品全链条关键危害物的迁移转化规律与安全防控技术研究	中国水产科学研究院	翟毓秀	2042	5
食品腐败变质以及霉变环境影响因素的智能化实时监测预警技术研究	江苏大学	王殿轩	2202	5
食品中生物源危害物阻控技术及其安全性评价	中国农业科学院农产品加工研究所	刘　阳	2416	5
食品生产经营质量安全智能化应用技术研究	江南大学	金征宇	2136	5
食品中全谱致癌物内源代谢规律及监测技术研究	中国人民解放军军事医学科学院生物医学分析中心	李爱玲	2415	5
基于组学的食源性致病微生物快速高通量检测技术与装备研发	广东省微生物研究所	吴清平	2248	5
食品中化学污染物监测检测及风险评估数据一致性评价的参考物质共性技术研究	国家食品安全风险评估中心	赵云峰	2584	5
食品微生物检验相关参考物质体系研究及评价	中国食品药品检定研究院	崔生辉	2050	5
食源性疾病监测、溯源与预警技术研究	国家食品安全风险评估中心	郭云昌	2065	5
应对国际贸易食品安全法规精准检测关键技术研究	中国检验检疫科学研究院	张　峰	2446	5
重要食品真实性检测关键技术研究与应用	华南农业大学	雷红涛	2957	5
食品安全社会共治信息技术应用示范	贵州省分析测试研究院	李丹宁	991	5
食品安全社会共治信息技术研究与应用示范	哈尔滨工业大学	卢卫红	978	5
食品安全社会共治信息技术研究与应用示范	重庆市食品药品检验检测研究院	杨小珊	1000	5
"畜禽重大疫病防控与高效安全养殖综合技术研发"重点专项				
畜禽重要疫病病原学与流行病学研究	中国人民解放军军事医学科学院军事兽医研究所	涂长春	1982	4
畜禽重要病原菌的病原组学与网络调控研究	华中农业大学	周　锐	2049	4
畜禽重要胞内菌基因调控及其与宿主互作的分子机制研究	华中农业大学	何正国	2174	4

续表

项目名称	牵头承担单位	负责人	财政经费/万元	周期（年）
畜禽重要胞内寄生原虫的寄生与免疫机制研究	沈阳农业大学	陈启军	1856	4
畜禽肠道健康与消化道微生物互作机制研究	西北农林科技大学	姚军虎	2082	4
猪重要疫病免疫防控新技术研究	中国农业科学院哈尔滨兽医研究所	仇华吉	1900	4
鸡重要疫病免疫防控新技术研究	扬州大学	彭大新	2073	4
水禽重要疫病免疫防控新技术研究	四川农业大学	汪铭书	1833	4
牛羊重要疫病免疫防控新技术研究	中国兽医药品监察所	毛开荣	1907	4
动物疫病生物防治性制剂研制与产业化	吉林农业大学	钱爱东	2071	4
动物重大疫病新概念防控产品研发	东北农业大学	李一经	2178	4
严重危害畜禽的寄生虫病诊断、检测与防控新技术	中国农业科学院兰州兽医研究所	殷宏	1765	4
畜禽重要人兽共患寄生虫病源头防控与阻断技术研究	吉林大学	刘明远	1768	4
新型畜禽药创制与产业化	华中农业大学	袁宗辉	1821	4
中兽医药现代化与绿色养殖技术研究	湖南农业大学	曾建国	1844	4
畜禽疫病防控专用实验动物开发	中国农业科学院哈尔滨兽医研究所	刘长明	1728	4
珍稀濒危野生动物重要疫病防控与驯养繁殖技术研发	中国人民解放军军事医学科学院军事兽医研究所	刘全	1767	4
边境地区外来动物疫病阻断及防控体系研究	中国动物卫生与流行病学中心	王志亮	1718	4
畜禽繁殖调控新技术研发	中国农业大学	田见晖	1870	4
畜禽现代化饲养关键技术研发	华中农业大学	蒋思文	2155	4
优质饲草供给及草畜种养循环关键技术研发	中国农业大学	杨富裕	1700	4
畜禽群发普通病防控技术研究	中国农业大学	王九峰	1879	4
烈性外来动物疫病防控技术研究	中国农业科学院北京畜牧兽医研究所	李金祥	1755	4
"蛋白质机器与生命过程调控"重点专项				
抗病毒天然免疫、炎症与癌变机制	武汉大学	舒红兵	1812	5
重要病原菌感染与致病过程中蛋白质机器的功能机制	同济大学	戈宝学	1779	5
"精准医学研究"重点专项				
新一代基因组测序技术、临床用测序设备及配套试剂的研发	深圳华大基因研究院	牟峰	1843	3
"公共安全风险防控与应急技术装备"重点专项				
突发事件紧急医学救援保障成套化装备关键技术研究与应用示范	中国人民解放军军事医学科学院卫生装备研究所	孙景工	2500	3.5

二、国家科技重大专项

（一）转基因生物新品种培育专项

根据转基因重大专项总体实施方案和"十三五"实施计划，针对我国动植物转基因研发和产业化发展中急需解决的关键问题，协调推进技术研发与产品熟化，拓展转基因研究领域，进一步遴选新型重大产品、重要基因和关键技术，农业部发布了转基因重大专项课题申报文件，2018 年启动实施 11 个重大课题和一批重点课题，提升我国转基因动植物研发水平和能力（科学技术部，2017e）。

1. 重大课题

1）早熟抗病转基因棉花新品种培育

（1）研究目标：根据我国棉区结构调整，通过聚合早熟、抗黄萎病、抗虫、抗除草剂和株型等主要性状，培育适宜油后、麦后直播，以及西北内陆无膜种植的早熟多抗转基因棉花新品系（种），改良棉花品种早熟、抗病和抗除草剂等特性，并示范推广。

（2）研究内容：利用转 vgb 等基因的早熟材料、转 iap 和 $p35$ 等基因的抗黄萎病材料以及抗草甘膦等除草剂的转基因棉花材料，围绕早熟、抗病虫、抗除草剂等重要性状，采用分子聚合育种等技术，创制早熟、抗病虫、抗除草剂等综合性状优良的转基因棉花新材料和新品系，培育早熟抗黄萎病转基因棉花新品种。

（3）实施期限：2018～2020 年。

2）高品质转基因奶牛新品种培育

（1）研究目标：以功能型乳铁蛋白转基因奶牛为重点，完成食用安全评价和功能性产品开发研究，完成安全证书和产品生产许可证书申报，制定转基因奶牛的品种、饲养管理、繁殖和育种等技术标准，育成目标性状突出、综合生产性能优良的高品质转基因奶牛新品系。

（2）研究内容：对已获得的人乳铁蛋白转基因奶牛和乳球蛋白（BLG）基因敲除奶牛等育种基础群，继续深入开展育种价值评估、生产性能测定和生物安全评价，结合全基因组选育等育种技术，选育富含功能蛋白、乳蛋白含量显著提高和过敏源显著减少等目标性状突出，综合生产性能优良的转基因奶牛育种群或新品系；开展转基因奶牛的品种、饲养管理、繁殖和育种等相关标准研究，系统开展高品质转基因奶牛新品系认定，研制和开发重组蛋白新食品原料、营养强化剂和抗肿瘤新药等功能产品，开展产品生产许可证书申报。

（3）实施年限：2018～2020 年。

3）转基因产品抽制样和精准检测技术

（1）研究目标：通过研究、整合和验证专项"十二五"期间研发的转基因生物抽制样、检测和溯源技术，形成系统的国家和行业技术标准；发展新性状转基因产品的检测、溯源技术体系，满足新型转基因产品安全管理需求；建立具有产业化前景的抗虫抗除草剂转基因玉米、大豆等品系特异的检测与溯源技术标准，为重大产品安全管理提供支撑。

（2）研究内容：开展"双抗 12-5""C0030.3.5""ZH10-6"等转基因玉米、大豆检测技术研究，建立品系特异性的新型定性定量检测方法和标准；基于微流控芯片技术，研发食用饲用转基因产品的高通量筛查技术和试剂盒；利用深度测序技术，建立未批准转基因产品的鉴别技术；针对叠加性状转基因玉米、基因组编辑猪等，研究新型转基因产品检测技术；基于基因、蛋白质和代谢组学，深入开展转基因生物非预期效应检测方法研究；建立杨树、油菜等拓展物种的转基因产品抽制样技术，研制"C0030.3.5"等转基因玉米、大豆智能溯源和现场快检技术和设备。

（3）实施年限：2018～2020 年。

4）转基因油菜新品种培育及产业化研究

（1）研究目标：从提高油菜籽产量和降低生产成本两方面出发，利用转基因育种技术，创建两系杂种优势利用体系，培育具有除草剂等抗性的高产品种，达到产业化水平。

（2）研究内容：整合已有抗除草剂基因资源，培育高效抗除草剂油菜新品种；基于油菜杂种优势利用途径的育性基因资源，利用转基因技术解决核不育系统中 50%可育株分离问题，创制 100%全不育群体，培育两系高产杂交新品种；开展转基因抗除草剂油菜新品系及高产杂交组合生物安全评价，包括分子特征、环境安全和食用安全评价；开展转基因新品系的多年多点鉴定及中试示范，研发适合转基因油菜制种、繁育、栽培和种子加工的产业化技术。

（3）实施年限：2018～2020 年。

5）转基因杨树新品种培育及产业化研究

（1）研究目标：创制人工林培育急需的抗虫、抗旱节水、耐盐碱及材性改良的转基因杨树新品种；对处于中间试验和环境释放阶段的转基因杨树新品种进行安全评价研究；开展抗虫转基因杨树品种示范、推广与产业化研究，实现转基因杨树产业规模化。

（2）研究内容：研制不同区域主栽杨树品种的转基因育种技术体系，利用已鉴定的 *BtCry3A*、*BtCry1A*、*Vgb*、*SacB*、*JERF36*、*DREB*、*Myb216* 等基因，创制抗虫、抗旱节水、耐盐碱及材性改良的转基因杨树新种质；开展抗虫、抗逆转基因杨树分子鉴定和经济性状、生物安全等评价技术研究；研发抗虫转基因杨树高产、高效规模化繁育及栽培技术，扩大抗虫转基因杨树产业化种植规模。

（3）实施年限：2018～2020 年。

6）转基因落叶松新品种培育及产业化研究

（1）研究目标：构建落叶松规模化转基因平台及基因组编辑体系，创制具有自主知识产权的速生抗旱、抗虫转基因落叶松新材料；开展速生抗旱转基因落叶松分子鉴定和经济性状、生物安全等评价技术研究，转基因落叶松新品系进入生产性试验阶段，完善转基因落叶松良种规模化繁育体系，推进转基因落叶松产业化应用。

（2）研究内容：构建落叶松基因组编辑稳定操作平台，完善高效育种体系；采用 *DREB*、*BADH* 等抗旱基因、*GFMCry1A*、*Cry2Ah* 等抗虫基因，创制速生抗旱、抗松毛虫、金龟子等优良杂种落叶松及华北落叶松转基因新材料；开展速生抗旱转基因落叶松的环境释放和生产性试验，在干旱瘠薄条件下进行示范；创新转基因落叶松快速检测方法，建立规模化品种繁育体系。

（3）实施年限：2018～2020 年。

7）转基因苜蓿新品种培育及产业化研究

（1）研究目标：创制抗除草剂、抗虫、耐盐、抗旱等性状突出的转基因苜蓿转化体，培育具有生产价值的转基因新品系；获得申请安全证书所必需的生物安全评价数据；研发转基因苜蓿新品系种子繁育技术体系，为转基因苜蓿产业化奠定基础。

（2）研究内容：对已获得的转 *aroA* 等基因抗除草剂、转 *Cry1A* 等基因抗虫、转 *ZxNHX* 和 *MsDehydrin* 等基因耐盐抗旱苜蓿转化体，开展分子鉴定和表型稳定性分析；采用杂交、分子标记等技术，培育综合性状优良、目标性状突出的转基因新品系；开展转基因苜蓿新品系生物安全评价和多年多点鉴定，研发转基因苜蓿新品系的制种、繁育和种子加工等产业化技术。

（3）实施年限：2018～2020 年。

8）转基因竹子新品种培育及产业化研究

（1）研究目标：突破具有育种价值功能基因的验证、高效规模化转基因技术、目标性状早期预测三大核心技术，建立竹子转基因育种技术体系和转基因植株的鉴定与性状评价体系；创制纤维含量高、竹材力学性能好、耐低温能力强的转基因新材料，培育新品系，保持我国在竹子品种培育方面的国际先进地位。

（2）研究内容：优化建立竹子植株再生技术体系和遗传转化体系；利用 *PeCesAs*、*PeDWF1*、*BoGPIAP* 等纤维素合成酶基因和 PeNAC1 等转录因子，开展慈竹材性改良转基因研究；利用 *BoSus1-4*、*CMO*、*BADH* 等渗透调节物质生物合成基因和 PeDREBs、PeWRKYs 等转录因子，开展麻竹耐低温转基因研究；建立转基因竹子纤维长度、竹纤维组织比量、耐低温等转基因性状检测和评价技术。

（3）实施年限：2018～2020 年。

9）转基因牡丹新品种培育及产业化研究

（1）研究目标：围绕花色、花型和花期等重要观赏性状，突破高效、规模化遗传转化体系，建立和完善优异转基因种质创新、新品种培育和产业化生产的技术平台，创制具有自主知识产权的、目标性状突出、综合性状优良的转基因牡丹新品种。

（2）研究内容：以较为成熟的体细胞胚直接发生体系和不定芽分化成苗体系为基础，优化牡丹高效遗传转化体系，建立高效转基因育种技术平台及种苗产业化生产技术体系。从牡丹花色形成的分子调控机制出发，转入 *THC2′GT*、*FNS*、*OMT*、*GT* 等关键结构基因及 MYB、bHLH 等重要转录因子，调控花瓣内类黄酮物质的生物合成。通过增加查尔酮和芹菜素的含量，创制黄色花牡丹转基因新品系；通过调控花色素苷的甲基化及糖苷化修饰，创制红色花牡丹转基因新品系；采用 *AP1*、*AP2*、*AP3*、*AG* 及 *SEP* 等 MADS-box 基因，创制花型改良的转基因新品系；采用促进开花整合子 *SOC1*、*FT*

和 *LFY* 等基因，创制二次开花的转基因新品系。开展转基因牡丹新品系生物安全评价，建立牡丹生物安全评价和检测监测技术体系。

（3）实施年限：2018～2020 年。

2. 重点课题

1）转基因动植物新品种培育

（1）研究目标：围绕玉米、大豆、棉花、水稻、小麦和猪、牛、羊育种的生产需求，重点创制对产业发展有带动作用且目标性状突出、综合性状优良的转基因动植物新品系，为转基因新品种培育及产业化提供支撑。

（2）研究内容：以水稻、小麦、玉米、大豆、棉花、猪、牛、羊为重点，采用转基因技术、基因组编辑技术，结合分子标记选择和常规育种等技术，围绕抗病虫、抗除草剂、产量、品质、抗逆（耐旱、耐盐碱）、养分高效等性状改良，重点遴选对农业产业发展有带动作用且目标性状突出、综合性状优良的新型转基因动植物新品系。

（3）实施年限：2018～2019 年。

2）重要基因克隆

（1）研究目标：遴选获得一批具有自主知识产权和重要应用价值的重要性状新基因，为我国转基因新品种培育提供基因资源。

（2）研究内容：采用现代分子生物学技术，充分利用各类突变体和优异种质资源，从多种生物中克隆抗病虫、抗除草剂、抗逆（耐旱、耐盐碱、富集重金属等）、高产、优质、养分高效利用、高光效等重要性状新基因，并明确其在玉米、大豆、水稻、小麦、棉花和猪、牛、羊育种中的利用价值。

（3）实施年限：2018～2019 年。

3）转基因技术

（1）研究目标：针对转基因操作中的关键问题，开发高效、安全的新型转基因技术和调控元件，为创制转基因动植物新材料提供技术方法。

（2）研究内容：开展新型转化系统、基因定点整合、基因组编辑、无选择标记等基因操作技术研究；开展不同组织、器官、时空特异性以及诱导性高效调控元件研究，获得促进转基因稳定遗传及可控表达的调控元件。

（3）实施年限：2018～2019 年。

4）新型转基因产品安全评价技术

（1）研究目标：针对新型转基因产品，研制转基因生物安全评价指南，为新型产品的安全评价提供科学支撑。

（2）研究内容：针对基因组编辑、RNA 干扰等技术创制的新型产品，研究其安全评价指标和流程。

（3）实施年限：2018～2019 年。

（二）"艾滋病和病毒性肝炎等重大传染病防治"科技重大专项

"艾滋病和病毒性肝炎等重大传染病防治"科技重大专项以全面提升我国传染病的诊、防、治水平，完善国家传染病科技支撑体系为目标，通过核心技术突破和关键技术集成，使我国传染病防控自主创新能力达到国际先进水平，为有效应对重大突发疫情、保持艾滋病低流行水平、乙肝向中低流行水平转变、肺结核"两率"降至中等发达国家水平提供强有力的科技支撑。

根据《艾滋病和病毒性肝炎等重大传染病防治国家科技重大专项 2018 年度课题申报指南》，2018 年"艾滋病和病毒性肝炎等重大传染病防治"科技重大专项开展以下方向进行研究（科学技术部，2017f）。

1. "一带一路"传染病防控保障关键技术研发

研究内容：会同相关国家联合建设技术平台，针对我国存在较大输入性风险的病原体，揭示"一带一路"沿线国家和地区重要传染病病原体组成、流行特征和传播趋势，加强监测预警等防控关键技术储备，发挥传统医药作用，开展传染病防治产品和技术方案研发及推广，提升当地传染病防控能力，为"一带一路"倡议实施提供卫生安全保障。

2. 突发急性传染病诊断试剂评价技术研究

研究内容：以突发急性传染病病原体为重点，对本专项"十一五"和"十二五"期间支持研发的、尚未或不适于获取产品证书的诊断产品的灵敏度、特异性、可靠性等进行评价，为建立相关技术储备提供依据。

3. 结核病诊断产品和预防接种技术评估研究

研究内容：针对"十二五"期间本专项支持研发的结核病诊断技术与

产品，在医疗机构中对结核病诊断技术多重组合应用、系统集成优化和自动化、特定人群及不同类型样本中的应用及效果进行研究。对成人接种卡介苗的保护效果和免疫策略进行前瞻性评价，为完善结核病防控策略提供依据。

4. 基于大数据的突发急性传染病预测预警技术研究

研究内容：基于人员流动、贸易、网络、社会、生态、疾控等多元大数据，综合利用生物信息学、流行病学、病原学等多种手段，研究建立我国重要突发急性传染病的病原体传播流行、变异进化预测预警模型和相关技术。

5. 传染病防控应用导向的原始创新研究

研究内容：面向国际科技前沿，围绕传染病防控重大急迫需求，对标国际领先水平，研发具有应用前景的原始创新技术、方案和产品，提升我国传染病防控原始创新能力。

6. 三病精准诊治新技术和新方案研究

研究内容：研发提高艾滋病、结核病、乙肝及相关肝癌治愈率/治疗成功率的新技术、新方案和新策略。

7. 三病新型中医/中西医结合治疗方案研究

研究内容：研发中医/中西医结合治疗乙肝及相关肝癌方案，延缓病变进展。以中药复方为主，研发针对一、二线化疗药物全部过敏或全部不能耐受或全部耐药的肺结核患者和超广泛耐药性肺结核的中医药治疗方案。

8. 新发突发传染病中医/中西医结合治疗方案研究

研究内容：研发中医/中西医结合治疗新发突发传染病的治疗方案，以中药复方为主，进行科学设计的临床试验，提高新发突发传染病的临床疗效，延缓病情进展，减少并发症发生。

9. 基于宏基因组学的感染性疾病病原体临床诊断技术研发

研究内容：开展基于宏基因组学的病原体临床诊断技术体系、以序列为基础的病原体分类新技术体系以及人类传染病潜在传染源和病原谱系等研究，提升突发急性传染病应对能力。

10. 传染病防控产品国际化注册及世界卫生组织认证相关研究

研究内容：支持我国批准上市的诊断试剂、装备等传染病防控产品，开展国际注册及相关支持性流行病学研究，突破传染病防控产品国际化相关技术和质量体系，推动名优产品国际注册和世界卫生组织认证进程。

11. 基层社区适宜的传染病诊断试剂研发

研究内容：针对常见的重大突发急性传染病，研发适于在基层社区使用的易操作、易阅读、易保存的快速诊断试剂。

（三）"重大新药创制"科技重大专项

"重大新药创制"科技重大专项以实际应用和产业发展为导向，其主要目标为针对严重危害我国人民健康的 10 类（种）重大疾病（恶性肿瘤、心脑血管疾病、神经退行性疾病、糖尿病、精神性疾病、自身免疫性疾病、耐药性病原菌感染、肺结核、病毒感染性疾病以及其他常见病和多发病），研制一批重大药物，完善国家药物创新体系，提升自主创新能力，加速我国由仿制向创制、由医药大国向强国的转变。

根据《重大新药创制科技重大专项 2018 年度课题申报指南》，2018 年"重大新药创制"科技重大专项开展的生物安全相关研究方向包括以下几方面内容（科学技术部，2017g）。

1. 创新生物技术药评价及标准化关键技术研究

研究内容：针对新型疫苗、抗体、重组蛋白、免疫细胞治疗产品等创新生物技术药研发及国际化发展需求，开展关键质量属性的创新性评价方法研究及关键技术标准化研究：建立系列转基因细胞等体外生物活性替代测定新方法、CD19 及 CD20-CART 等治疗性细胞产品成药性及安全性评价关键技术及药效学模型以及人源创新抗体药物评价新模型；建立 HPV 等新型多价疫苗、新表达系统疫苗及新发突发传染病疫苗的创新性评价技术及符合国内外新药审评规范的质控标准；建立传统疫苗创新性再评价技术体系；支持疫苗世界卫生组织预认证相关研究。

2. 埃博拉等新疫苗及基于新佐剂疫苗研发

研究内容：开展埃博拉疫苗的临床和产业化研究；针对我国流行毒株，开展布尼亚病毒、诺如病毒、登革热等临床急需疫苗研制；开展采用新型重组载体等新技术以及基于新佐剂疫苗研发。

3. 示范性新药临床评价技术平台建设

研究内容：围绕 10 类（种）重大疾病，建设符合国际规范的 I ～Ⅳ期临床研究中心，开展国际前沿的新药临床评价关键技术和大规模随机多中心临床和结局研究。

4. 创新药物非临床安全性评价研究关键技术

研究内容：开展人体芯片、生物标志物、3D 细胞模型、计算机毒性预测、活体成像技术、干细胞诱导分化细胞模型等体外替代方法和前瞻性新技术、新方法研究，进一步完善药物依赖性评价、大动物生殖毒性评价、致癌性评价以及眼科毒理学评价等技术和方法；开展新型细胞治疗产品、新抗体、新疫苗、重组蛋白、核酸药物和基因治疗产品等生物技术新品种，中药新药以及特殊制剂安全性评价技术研究；开展临床检验等实验室间比对和能力验证研究；开展国际互认及国际毒理学家资质认证；完善电子数据的信息化管理；开展重大创新药物品种的全套临床前安全性评价技术服务。

5. 新药创新成果转移转化试点示范项目

研究内容：围绕促进新药研发创新成果转移转化的需求，带动和促进新药研发及产业化发展，构建具有世界先进水平的开放性新药创制共性技术平台和共享服务平台；充分利用"互联网+"、大数据等技术，突破制约从研发链到产业链的核心关键瓶颈技术，重点研究并提升靶点研究与确认、化合物优化、工艺研发、临床前评价、临床评价和上市后临床价值评价等技术水平；构建科技成果展示交易、产业服务和金融服务等平台，研究并完善加快创新药物和临床亟须药物上市的政策保障体系，形成区域化示范效应。

6. 重大新药研发

研究内容：针对恶性肿瘤、心脑血管、耐药性病原菌感染、病毒感染等重大疾病，重点支持具有自主知识产权、临床价值大、市场前景好，处于临床前和临床研究阶段的原创性化学药、中药、生物药新药研发及其相关关键技术研究，鼓励开展具有优势、特色的固定剂量复方以及新型给药技术和新制剂研发；立足长远发展需求，积极转化和应用国内外新药研发相关基础研究的最新成果，开展药物新靶标以及基于新靶标、新作用机制等创新药物发现研究。

7. 临床亟需药品研发

研究内容：针对当前我国防治疾病的用药需求，解决临床亟需药品的可及性，重点支持以下领域的新药、首仿药及其制剂研发：艾滋病、乙肝、丙肝、耐药性结核病等重大传染性疾病防治药物及耐药菌防治药物；儿童用药物，鼓励结合国家卫生计生委等三部门联合发布的鼓励研发申报儿童药品清单中的品种开展研究；罕见病治疗急需药物；眼科疾病治疗药物及制剂；针对阿片类和甲基苯丙胺等新型毒品的戒毒药物；防治慢性阻塞性肺病等其他临床亟需药品。结合制剂改良等需求，针对提高疗效、降低毒副作用或克服现有重大品种的不足，开展化学药、中药及生物药新制剂研发。

8. 国产药品国际化相关研究

研究内容：支持国产化学药、中药和生物药及其制剂开展国际临床研究，进行临床研究数据的评价，研究制定相关技术标准，突破相关关键技术及技术壁垒，在欧美等发达国家或"一带一路"沿线国家注册上市，或通过世界卫生组织预认证。

附录 2　相关的人才计划

1. 国家"千人计划"青年项目

国家"千人计划"青年项目是中共中央组织部牵头实施的旨在引进一批有潜力的海外优秀青年人才的项目，从 2011 年开始实施。原计划每年引进 400 名左右海外优秀青年人才，但是项目实施过程中每年入选人数差别较大。

2018 年 2 月 9 日，海外高层次人才引进工作专项办公室发布公告，公布第十四批国家"千人计划"青年项目入选人员名单，经形式审查、通信评审、面试评审、公示及复核、审批等程序，共 609 人通过终审，予以引进。其中，生命科学领域的国家"千人计划"青年项目入选人员为 79 名（附表 2）。

附表 2　第十四批生命科学领域的国家"千人计划"青年项目入选人员名单[①]

序号	姓名	性别	出生日期	用人单位
1	张照亮	男	1980 年 12 月 14 日	安徽农业大学
2	季雄	男	1986 年 6 月 16 日	北京大学
3	李龙	男	1981 年 11 月 22 日	北京大学
4	张勇	男	1978 年 2 月 6 日	北京大学
5	邢栋	男	1983 年 9 月 22 日	北京大学
6	董磊	男	1982 年 3 月 7 日	北京理工大学
7	金花	女	1979 年 4 月 29 日	北京理工大学
8	韩霆	男	1983 年 9 月 16 日	北京生命科学研究所
9	王苏	男	1987 年 10 月 12 日	东南大学
10	宋亮	女	1980 年 8 月 24 日	复旦大学
11	江燕	女	1978 年 6 月 13 日	复旦大学
12	刘凌峰	男	1979 年 11 月 11 日	复旦大学
13	吕雷	男	1981 年 12 月 30 日	复旦大学
14	郑小凤	女	1985 年 5 月 13 日	复旦大学
15	樊少华	男	1981 年 10 月 31 日	复旦大学
16	丰伟军	男	1978 年 10 月 5 日	复旦大学
17	李晋	男	1984 年 10 月 6 日	复旦大学
18	于肖飞	男	1982 年 8 月 16 日	复旦大学
19	翟宗昭	男	1983 年 5 月 13 日	湖南师范大学
20	王金虎	男	1978 年 8 月 7 日	华东理工大学
21	陈卫华	男	1979 年 1 月 1 日	华中科技大学
22	程超	男	1978 年 12 月 4 日	华中科技大学
23	李青	女	1981 年 11 月 25 日	华中农业大学
24	徐振江	男	1985 年 12 月 18 日	南昌大学
25	肖军	男	1983 年 10 月 24 日	南方科技大学
26	杨荟	女	1986 年 5 月 26 日	南方科技大学
27	董咸池	男	1982 年 3 月 14 日	南京大学
28	黄新元	男	1981 年 1 月 10 日	南京农业大学
29	许凯	男	1983 年 11 月 15 日	南京师范大学
30	黄兴禄	男	1981 年 11 月 19 日	南开大学
31	陈默	女	1983 年 8 月 23 日	清华大学
32	谷杨楠	男	1984 年 12 月 28 日	清华大学
33	李寅青	男	1986 年 4 月 19 日	清华大学

[①] 关于公布第十四批国家"千人计划"青年项目、创业人才项目入选人员名单的公告. http：//edu.people.com.cn/n1/2017/1204/c367001-29685248.html[2018-5-6].

185

续表

序号	姓名	性别	出生日期	用人单位
34	刘锦涛	男	1982 年 7 月 16 日	清华大学
35	葛亮	男	1983 年 6 月 26 日	清华大学
36	蓝勋	男	1982 年 11 月 28 日	清华大学
37	刘波	男	1981 年 10 月 15 日	厦门大学
38	张亚霖	男	1985 年 6 月 20 日	厦门大学
39	罗树坤	男	1983 年 8 月 20 日	上海交通大学
40	杨文	男	1979 年 1 月 30 日	上海交通大学
41	尹若贺	男	1977 年 9 月 1 日	上海交通大学
42	邢少军	男	1982 年 3 月 16 日	深圳大学
43	张莹	女	1982 年 4 月 9 日	沈阳农业大学
44	孙智琦	男	1985 年 2 月 26 日	四川大学
45	尹晓磊	男	1982 年 5 月 21 日	同济大学
46	李文博	男	1984 年 12 月 18 日	武汉大学
47	熊伟	男	1980 年 11 月 20 日	武汉大学
48	胥国勇	男	1985 年 5 月 12 日	武汉大学
49	杨红春	男	1982 年 3 月 18 日	武汉大学
50	姜恺	男	1981 年 12 月 5 日	武汉大学
51	俞雁寻	女	1977 年 11 月 11 日	武汉大学
52	蔡晶	男	1981 年 12 月 3 日	西北工业大学
53	杨琴	女	1983 年 11 月 14 日	西北农林科技大学
54	邹懿	男	1983 年 12 月 31 日	西南大学
55	王翊	男	1979 年 12 月 28 日	西南大学
56	方东	男	1984 年 1 月 6 日	浙江大学
57	张岩	男	1985 年 6 月 25 日	浙江大学
58	郭方	男	1982 年 6 月 22 日	浙江大学
59	韩佩东	男	1982 年 3 月 17 日	浙江大学
60	丁昀	女	1984 年 3 月 6 日	浙江大学
61	姜夫国	男	1980 年 10 月 4 日	浙江西湖高等研究院
62	李小波	男	1985 年 2 月 20 日	浙江西湖高等研究院
63	蔡尚	男	1979 年 1 月 10 日	浙江西湖高等研究院
64	唐爱辉	男	1979 年 11 月 22 日	中国科学技术大学
65	蒋岚	男	1983 年 8 月 6 日	中国科学院北京基因组研究所
66	翟巍巍	男	1979 年 6 月 15 日	中国科学院动物研究所
67	李明	男	1986 年 1 月 24 日	中国科学院昆明动物研究所
68	黄景政	男	1978 年 11 月 7 日	中国科学院上海巴斯德研究所
69	刘星	男	1985 年 3 月 13 日	中国科学院上海巴斯德研究所
70	段成国	男	1978 年 12 月 10 日	中国科学院上海生命科学研究院
71	徐春	男	1983 年 12 月 5 日	中国科学院上海生命科学研究院
72	竺淑佳	女	1984 年 9 月 14 日	中国科学院上海生命科学研究院
73	郎翼博	女	1986 年 6 月 26 日	中国科学院上海生命科学研究院
74	辛秀芳	女	1985 年 1 月 25 日	中国科学院上海生命科学研究院
75	戴磊	男	1987 年 4 月 26 日	中国科学院深圳先进技术研究院

续表

序号	姓名	性别	出生日期	用人单位
76	张 凯	男	1984 年 10 月 13 日	中国科学院物理研究所
77	许 操	男	1981 年 10 月 3 日	中国科学院遗传与发育生物学研究所
78	郑 浩	男	1985 年 2 月 15 日	中国农业大学
79	王小萌	女	1978 年 3 月 31 日	中山大学

2. 创新团队发展计划

2017 年 6 月 15 日，教育部发布网上通知，为进一步支持优秀创新团队，持续提升创新能力，孕育重大创新成果，支撑一流学科建设，经有关高校推荐、专家评审，决定对朱满洲等 113 个建设成效显著的教育部创新团队给予滚动支持（教育部，2017）。其中，生物安全领域的创新团队 2 个（附表 3），分别给予 300 万元资助。

附表 3　2017 年教育部"创新团队发展计划"中生物安全领域的滚动支持名单

序号	编号	学校	带头人	研究方向	资助期限	资助金额/万元
1	IRT_17R39	华南农业大学	刘雅红	兽用抗菌药的安全性评价研究	2018～2020 年	300
2	IRT_17R61	宁夏大学	王玉炯	牛、羊重要传染病防控关键技术研究	2018～2020 年	300

参考文献

陈传宏，秦怀金，徐建国，等. 2017. 国家科技重大专项传染病防治专项新闻发布会. http：//
　　www.nmp.gov.cn/gzdt/201703/t20170323_5029.htm[2019-4-19].

陈方，丁陈君，吴晓燕，等. 2018. 生物科技领域国际进展与趋势分析. 世界科技研究与
　　发展，40（1）：27-36.

楚乔. 2017.《中国人用疫苗产业图谱》发布. https：//med.sina.com/article_detail_
　　103_2_34105.html[2019-4-10].

东北农业大学. 2016. 国家乳业工程技术研究中心：励精图治再谱华章. http：//
　　www.neau.edu.cn/info/1194/22934.htm[2019-4-18].

杜园春，王涵. 2018. 83.3%受访者期待进一步加强抗生素使用监管. http：//
　　zqb.cyol.com/html/2018-03/22/nw.D110000zgqnb_20180322_1-07.htm[2019-4-2].

付义成. 2017. 2017 年全球十大抗病毒药物公司. http：//yao.dxy.cn/article/532566[2019-
　　4-12].

贡晓丽. 2018. 去年中国共批签发疫苗约 7.12 亿人份. http：//news.sciencenet.cn/
　　htmlnews/2018/6/414000.shtm?id=414000[2019-4-10].

国家发展和改革委员会. 2017a. 全国农村经济发展"十三五"规划. http：//www.ndrc.
　　gov.cn/fzgggz/fzgh/ghwb/gjjgh/201706/t20170607_850193.html[2019-4-17].

国家发展和改革委员会. 2017b."十三五"生物产业发展规划. http：//www.ndrc.gov.cn/zcfb/
　　zcfbghwb/201701/W020170112411581437678.pdf[2019-4-17].

国家发展和改革委员会. 2017c. 国家环境保护"十三五"科技发展规划纲要. http：//
www.ndrc.gov.cn/fzgggz/fzgh/ghwb/gjjgh/201707/t20170719_854973.html[2019-4-17].

国家发展和改革委员会. 2017d. 全国生态保护"十三五"规划纲要. http://www.ndrc.gov.
cn/fzgggz/fzgh/ghwb/gjjgh/201707/t20170719_854975.html[2019-4-17].

国家家禽工程技术研究中心. 2018. 中心现状. http：//www.saas.sh.cn/npc/gyzx/zxxz/
content_23023[2019-4-18].

国家市场监管总局. 2017. 质检总局：2016 年全国进境口岸共计截获外来有害生物 6305
种. http：//www.cqn.com.cn/zj/content/2017-04/21/content_4208738.htm[2019-4-2].

国家卫生计生委. 2014. 国家卫生计生委办公厅关于 2013 年全国食物中毒事件情况的通
报. http：//www.nhc.gov.cn/yjb/s3585/201402/f54f16a4156a460790caa3e991c0abd5.shtml
[2019-4-12].

国家卫生计生委. 2015. 国家卫生计生委办公厅关于 2014 年全国食物中毒事件情况的通
报. http：//www.nhc.gov.cn/yjb/s3585/201502/91fa4b047e984d3a89c16194722ee9f2.shtml
[2019-4-12].

国家卫生计生委. 2016. 国家卫生计生委办公厅关于 2015 年全国食物中毒事件情况的通
报. http://www.nhc.gov.cn/yjb/s2909/201604/8d34e4c442c54d33909319954c43311c.shtml
[2019-4-12].

国家杂交水稻工程技术研究中心. 2015. 国家杂交水稻工程技术研究中心暨湖南杂交水
稻研究中心简介. http：//www.hhrrc.ac.cn/PageView.asp?MenuID=1[2019-4-18].

国务院. 2006. 国家中长期科学和技术发展规划纲要（2006—2020 年）. http://www.gov.cn/
gongbao/content/2006/content_240244.htm[2019-4-17].

国务院. 2015. 关于深化中央财政科技计划（专项、基金等）管理改革的方案. http：//
www.gov.cn/zhengce/content/2015-01/12/content_9383.htm[2019-4-22].

国务院. 2016a. "十三五"国家战略性新兴产业发展规划. http://www.gov.cn/zhengce/
content/2016-12/19/content_5150090.htm[2019-4-17].

国务院. 2016b. "十三五"国家科技创新规划. http://www.gov.cn/zhengce/content/2016-
08/08/content_5098072.htm[2019-4-17].

国务院. 2017a. "十三五"推进基本公共服务均等化规划. http://www.gov.cn/zhengce/
content/2017-03/01/content_5172013.htm[2019-4-17].

国务院. 2017b. 国家突发事件应急体系建设"十三五"规划. http://www.gov.cn/zhengce/
content/2017-07/19/content_5211752.htm[2019-4-17].

国务院.2017c."十三五"卫生与健康规划.http：//www.gov.cn/zhengce/content/2017-01/10/content_5158488.htm[2019-4-17].

国务院.2017d. 中国遏制与防治艾滋病"十三五"行动计划.http：//www.gov.cn/zhengce/content/2017-02/05/content_5165514.htm[2019-4-17].

国务院.2017e."十三五"全国结核病防治规划.http：//www.gov.cn/zhengce/content/2017-02/16/content_5168491.htm[2019-4-17].

国务院.2017f."十三五"深化医药卫生体制改革规划.http：//www.gov.cn/zhengce/content/2017-01/09/content_5158053.htm[2019-4-17].

国务院.2017g."十三五"国家药品安全规划.http：//www.gov.cn/zhengce/content/2017-02/21/content_5169755.htm[2019-4-17].

国务院.2017h."十三五"国家食品安全规划.http：//www.gov.cn/zhengce/content/2017-02/21/content_5169755.htm[2019-4-17].

贺福初, 高福锁.2014. 生物安全：国防战略制高点.政工学刊, 6：69-70.

黑龙江八一农垦大学.2016. 国家杂粮工程技术研究中心建设成效显著.http：//www.byau.edu.cn/2016/0113/c906a6011/page.htm[2019-4-18].

湖北省农业科学院.2018. 国家生物农药工程技术研究中心.http：//www.hbaas.com/id_ba7bd1e762b40ddf0162cc5e55d60250/news.shtml[2019-4-18].

黄季焜, 米建伟, 林海, 等.2010. 中国 10 年抗虫棉大田生产：*Bt* 抗虫棉技术采用的直接效应和间接外部效应评估. 中国科学：生命科学, 40（3）：260-272.

吉林省农业科学院.2013. 国家玉米工程技术研究中心（吉林）.http：//www.jaas.com.cn/index/descript_kjpt.php?sid=5[2019-4-18].

疾病预防控制局.2019. 2018 年全国法定传染病疫情概况.http：//www.nhc.gov.cn/jkj/s3578/201904/050427ff32704a5db64f4ae1f6d57c6c.shtml?from=groupmessage[2019-12-18]

教育部.2017. 教育部办公厅关于公布 2017 年教育部"创新团队发展计划"滚动支持名单的通知.http：//www.moe.gov.cn/srcsite/A16/s3340/201706/t20170622_307727.html[2019-4-18].

科学技术部.2011."国家马铃薯工程技术研究中心"通过验收.http：//www.most.gov.cn/kjbgz/201111/t20111101_90563.htm[2019-4-18].

科学技术部.2014. 科技部关于 2013 年度国家工程技术研究中心验收结果的通知.http：//www.most.gov.cn/fggw/zfwj/zfwj2014/201402/t20140213_111825.htm[2019-4-18].

科学技术部. 2017a. "十三五"生物技术创新专项规划. http：//www.most.gov.cn/tztg/
　　201705/W020170510451953592712.pdf[2019-4-17].

科学技术部. 2017b. "十三五"卫生与健康科技创新专项规划. http：//www.most.gov.cn/tztg/
　　201706/t20170613_133484.htm[2019-4-17].

科学技术部. 2017c. 国家海洋食品工程技术研究中心顺利通过专家组现场验收. http：//
　　www.most.gov.cn/kjbgz/201707/t20170713_134066.htm[2019-12-19].

科学技术部. 2017d. 国家种子加工装备工程技术研究中心顺利通过专家组现场验收.
　　http：//www.most.gov.cn/kjbgz/201709/t20170907_134789.htm[2019-4-18].

科学技术部. 2017e. 农业部办公厅关于组织转基因生物新品种培育重大专项 2018 年度课
　　题申报的通知. http：//www.nmp.gov.cn/tztg/201708/t20170830_5348.htm[2019-4-18].

科学技术部. 2017f. 关于组织艾滋病和病毒性肝炎等重大传染病防治科技重大专项 2018 年
　　度课题申报的通知. http：//www.nmp.gov.cn/tztg/201708/t20170801_5303.htm[2019-4-18].

科学技术部. 2017g. 关于组织重大新药创制科技重大专项 2018 年度课题申报的通知.
　　http：// www.nmp.gov.cn/tztg/201708/t20170801_5304.htm[2019-4-12].

科学技术部. 2018. 科技部组织专家组赴上海开展国家抗艾滋病病毒药物工程技术研究中
　　心验收工作. http：//www.most.gov.cn/kjbgz/201808/t20180801_140989.htm[2019-4-18].

科学技术部基础研究司. 2018. 国家工程技术研究中心 2016 年度报告. http：//www.
　　most.gov.cn/mostinfo/xinxifenlei/zfwzndbb/201805/P020180521579923434724.pdf[2019-
　　4-17].

李启昇，廖梅. 2017. 抗病毒药物市场竞争格局. 饮食保健，4（12）：283-284.

梁偲，王雪莹，常静. 2016. 欧盟"地平线 2020"规划制定的借鉴和启示. 科技管理研究，
　　36（3）：36-40.

林小春. 2017. "稳定"半合成有机体制造成功. http://health.people.com.cn/n1/2017/0203/
　　c14739-29055672.html[2019-5-9].

刘水文，姬军生. 2017. 我国生物安全形势及对策思考. 传染病信息，30（3）：179-181.

刘鑫荣. 2016. 抗病毒药市场 374 亿美元，抗肝炎病毒药市场最大. https：//med.sina.
　　com/article_detail_103_1_14851.html [2019-4-12].

马卓敏. 2016. "无知"导致抗生素在我国滥用. http：//news.sciencenet.cn/sbhtmlnews/
　　2016/11/317902.shtm [2019-4-12].

美亚光电. 2016. 美亚光电"国家农产品智能分选装备工程技术研究中心"顺利通过验收.
　　http://www.chinameyer.com/news/article/nid/412[2019-4-18].

南京天邦生物科技有限公司. 2017. 国家兽用生物制品工程技术研究中心. http：//
www.sohu.com/a/208129617_744369［2019-4-18］.

农业部新闻办公室. 2015. 以科技创新引领马铃薯主粮化发展. http：//www.moa.gov.cn/
xw/tpxw/201501/t20150106_4323476.htm［2019-4-16］.

前瞻产业研究院. 2018. 2024 年全球疫苗行业市场规模有望达 446.27 亿美元 四大"巨头"成
垄断之势. https：//www.qianzhan.com/analyst/detail/220/180713-c8568793.html［2019-4-10］.

前瞻产业研究院. 2019. 2019 年中国疫苗产业全景图谱. https：//www.qianzhan.com/
analyst/detail/220/190507-e058bcc2.html［2019-5-8］.

任世平. 2007. 欧盟第七研发框架计划的总体内容和参与条件. https：//www.fmprc.
gov.cn/ce/cebe/chn/omdt/t288331.htm［2019-5-8］.

日本总务省. 2019a. 科学技术研究调查结果. http：//www.stat.go.jp/data/kagaku/kekka/
index.html［2019-12-27］.

日本总务省. 2019b. 2019 年（令和元年）科学技术研究调查结果概要. http：//www.stat.
go.jp/data/kagaku/kekka/kekkagai/pdf/2019ke_gai.pdf［2019-12-27］.

苏军，黄季焜，乔方彬. 2000. 转 *Bt* 基因抗虫棉生产的经济效益分析. 农业技术经济，（5）：
26-31.

同济大学新农村发展研究院. 2014. 国家设施农业工程技术研究中心. https：//agri.tongji.
edu.cn/c3/23/c5734a49955/page.htm［2019-4-18］.

王玲. 2016-5-8. 日本发布《第五期科学技术基本计划》欲打造"超智能社会". 光明日报，
第 8 版.

王璞玥，唐鸿志，吴震州，等. 2018. "合成生物学"研究前沿与发展趋势. 中国科学基金，
32（5）：545-551.

卫生部. 2012. 抗菌药物临床应用管理办法. http：//www.nhc.gov.cn/fzs/s3576/201808/
f5d983fb5b6e4f1ebdf0b7c32c37a368.shtml［2019-4-10］.

西北农林科技大学. 2011. 国家杨凌农业生物技术育种中心. https：//kyy.nwafu.edu.cn/kyjd/
gjjkyjd/54349.htm［2019-4-18］.

西北农林科技大学园艺学院. 2013. 国家杨凌农业综合试验工程技术研究中心. https：//
yyxy.nwsuaf.edu.cn/xkjs/yjpt/261652.htm［2019-4-18］.

习近平. 2014. 在中央农村工作会议上的讲话//中共中央文献研究室. 十八大以来重要文
献选编（上册）. 北京：中央文献出版社：677.

新华社. 2011. 2010 年中国的国防. http：//www.gov.cn/jrzg/2011-03/31/content_1835289.

htm[2019-4-2].

新华社. 2016. 日本政府答辩书称宪法未禁止使用生化武器. http：//news.cctv.com/
　　2016/04/26/ARTIRYQnBkcm95Xnodnegnkj160426.shtml[2019-4-2].

新华社. 2017. 李克强说，以创新引领实体经济转型升级. http：//www.xinhuanet.
　　com//politics/2017-03/05/c_1120570632.htm[2019-4-10].

徐婷. 2015. 中国乙肝病毒携带者约 9000 万 专家称早期预防最关键. http：//www.
　　chinacdc.cn/mtbd_8067/201507/t20150727_117625.html[2019-4-2].

叶江. 2017. 试析欧盟安全战略的新变化——基于对欧盟 2003 与 2016 安全战略报告的比
　　较. 学术界，（2）：225-236，328.

有机地球化学国家重点实验室. 2015. 广州地化所在全国抗生素排放清单研究上取得重
　　要进展. http：//www.gig.cas.cn/xwdt/kydt/201809/t20180908_5067204.html[2019-4-2].

袁俪芸，王星. 2016. 中国内地报告了 18 例输入性寨卡病毒感染病例. http：//sz.people.
　　com.cn/n2/2016/0529/c202846-28417790.html[2019-4-2].

张章. 2016. 巴斯德研究所承认非法进口病毒样本. http：//news.sciencenet.cn/htmlnews/
　　2016/10/359337.shtm[2019-4-2].

中国报告大厅. 2018. 抗生素行业前景. http：//www.chinabgao.com/freereport/79569.html
　　[2020-1-2].

中国科学院微生物研究所. 2017. 全球模式微生物基因组和微生物组测序合作计划正式
　　启动. http：//www.im.cas.cn/xwzx/jqyw/201710/t20171012_4872678.html[2019-4-22].

中国农业科学院. 1996. 国家昌平综合农业工程技术研究中心. 中国科技信息，（10）：28.

中国生物技术发展中心. 2018.《2018 中国生命科学与生物技术发展报告》正式出版发行.
　　http：//www.cncbd.org.cn/News/Detail/7967[2019-4-9].

中国食品报. 2017-12-28. 中国食品产业发展报告（2012—2017）（摘登）. 中国食品报，
　　第 3 版.

中国食品工业协会. 2019. 2018 年中国食品工业运行综述及展望. 福建轻纺，（5）：6-9.

中国医药企业发展促进会. 2019. 2018 年度疫苗批签发数据汇总分析. http：//www.
　　sohu.com/a/288907448_100207671[2019-12-17].

钟蓉，徐离永，董克勤，等. 2014. 欧盟"地平线 2020"计划（Horizon 2020）. 中华人民
　　共和国科学技术部，中国-欧盟科技合作促进办公室，中国科学技术交流中心.

朱英. 2019. 今年全国主要林业生物灾害仍属偏重发生. http：//www.gov.cn/xinwen/2019-
　　02/25/content_5368234.htm[2019-4-17].

Allen F，Crepaldi L，Alsinet C，et al. 2019. Predicting the mutations generated by repair of Cas9-induced double-strand breaks. Nat. Biotechnol.，37：64-82.

BBSRC. 2013. The Age of Bioscience Strategic Plan. https：//docplayer.net/21087950-The-age-of-bioscience.html［2019-4-30］.

Butterfield G L，Lajoie M J，Gustafson H H，et al. 2017. Evolution of a designed protein assembly encapsulating its own RNA genome. Nature，552：415-420.

Centers for Disease Control and Prevention. 2016. Centers for Disease Control and Prevention's Strategic Framework FY 2016-FY 2020. https：//stacks.cdc.gov/view/cdc/42244［2016-7-27］.

Chen C，Xing D，Tan L Z，et al. 2017. Single-cell whole-genome analyses by Linear Amplification via Transposon Insertion（LIANTI）. Science，356（6334）：189-194.

Chotiwan N，Brewster C D，Magalhaes T，et al. 2017. Rapid and specific detection of Asian- and African-lineage Zika viruses. Sci. Transl. Med.，9（388）：eaag0538.

Callaway E. 2017. 'Alien' DNA Makes Proteins in Living Cells for the First Time. https：//www. nature.com/news/alien-dna-makes-proteins-in-living-cells-for-the-first-time-1.23040［2019-4-22］.

Chowdhury S，Carter J，Rollins M C F，et al. 2017. Structure reveals mechanisms of viral suppressors that intercept a CRISPR RNA-guided surveillance complex. Cell，169（1）：47-57.

Clappter J R. 2016. Worldwide threat assessment of the US Intelligence Community. Senate Armed Services Committee.

Dick R A，Zadrozny K K，Xu C，et al. 2018. Inositol phosphates are assembly co-factors for HIV-1. Nature，560（7719）：509-512.

Draz M S，Kochehbyoki K M，Vasan A，et al. 2018. DNA engineered micromotors powered by metal nanoparticles for motion based cellphone diagnostics. Nat. Commun.，9（1）：4282.

EI Meouche I，Dunlop M J. 2018. Heterogeneity in efflux pump expression predisposes antibiotic-resistant cells to mutation. Science，362（6415）：686-690.

Erlich Y，Zielinski D. 2017. DNA fountain enables a robust and efficient storage architecture. Science，355（6328）：950-954.

European Union. 2016. Shared Vision，Common Action：A Stronger Europe—A Global Strategy for the European Union's Foreign and Security Policy. https：//eeas.europa.eu/sites/eeas/files/eugs_review_web_0.pdf［2019-5-8］.

Evaluate Pharma. 2018. World Preview 2018，Outlook to 2024. https：//www.pharmastar.it/ binary_files/allegati/Report_Evaluate_Pharma_81701.pdf［2019-12-17］.

Evaluate Pharma. 2019. World Preview 2019，Outlook to 2024. https：//info.evaluate.com/ rs/607-YGS-364/images/EvaluatePharma_World_Preview_2019.pdf［2019-12-17］.

Eyquem J，Mansilla-Soto J，Giavridis T，et al. 2017. Targeting a CAR to the TRAC locus with CRISPR/Cas9 enhances tumour rejection. Nature，543（7643）：113-117.

Gierahn T M，Wadsworth M H，Hughes T K，et al. 2017. Seq-Well：portable，low-cost RNA sequencing of single cells at high throughput. Nature Methods，14（4）：395-398.

Gootenberg J S，Abudayyeh O O，Kellner M J，et al. 2018. Multiplexed and portable nucleic acid detection platform with Cas13，Cas12a，and Csm6. Science，360（6387）：439-444.

Gootenberg J S，Abudayyeh O O，Lee J W，et al. 2017. Nucleic acid detection with CRISPR-Cas13a/C2c2. Science，356（6336）：438-442.

Grand View Research. 2019. Antibiotics Market Size & Share，Industry Trends Report 2019-2026. https：//www.grandviewresearch.com/industry-analysis/antibiotic-market［2020-1-2］.

Handelsman J. 2016. Announcing the National Microbiome Initiative. https：//obamawhitehouse. archives.gov/blog/2016/05/13/announcing-national-microbiome-initiative［2019-4-22］.

Hao Y，Chun-Qing S，Sneha S，et al. 2017. Structure-guided chemical modification of guide RNA enables potent non-viral in vivo genome editing. Nat. Biotechnol.，35（12）：1179-1187.

Harrington L B，Burstein D，Chen J S，et al. 2018. Programmed DNA destruction by miniature CRISPR-Cas14 enzymes. Science，362（6416）：839-842.

Harrington L B，Doxzen K W，Ma E，et al. 2017. A broad-spectrum inhibitor of CRISPR-Cas9. Cell，170（6）：1224-1233.

Harrison S E，Sozen B，Christodoulou N，et al. 2017. Assembly of embryonic and extraembryonic stem cells to mimic embryogenesis in vitro. Science，356（6334）：eaal1810.

IMI. 2013. IMI Launches €371 Million Call with Focus on Alzheimer's，Arthritis，Cancer，and More. https：//www.imi.europa.eu/news-events/press-releases/imi-launches-eu371-million-call-focus-alzheimers-arthritis-cancer-and［2019-4-8］.

ISAAA. 2018. Global Status of Commercialized Biotech/GM Crops in 2017. https：//www. isaaa.org/resources/publications/briefs/53/download/isaaa-brief-53-2017.pdf［2019-12-25］.

ISAAA. 2019. Global Status of Commercialized Biotech/GM Crops in 2018. https：//www. isaaa.org/resources/publications/briefs/54/executivesummary/pdf/B54-ExecSum-English.pdf

［2019-12-25］.

ISSG. 2013. 100 of the World's Worst Invasive Alien Species. http：//www.iucngisd.org/gisd/ 100_worst.php［2019-4-17］.

ISSG. 2019. 100 of the World's Worst Invasive Alien Species. http：//www.iucngisd.org/gisd/ 100_worst.php［2019-4-17］.

Kanai Y，Komoto S，Kawagishi T，et al. 2017. Entirely plasmid-based reverse genetics system for rotaviruses. Proc. Natl. Acad. Sci.，114（9）：2349-2354.

Kim K，Ryu S M，Kim S T，et al. 2017. Highly efficient RNA-guided base editing in mouse embryos. Nat. Biotechnol.，35（5）：435-437.

Kimsey I J，Szymanski E S，Zahurancik W J，et al. 2018. Dynamic basis for dG • dT misincorporation via tautomerization and ionization. Nature，554（75691）：195-201.

Klann T S，Black J B，Chellappan M，et al. 2017. CRISPR–Cas9 epigenome editing enables high-throughput screening for functional regulatory elements in the human genome. Nat. Biotechnol.，35：561-568.

Kouyos R D，Rusert P，Kadelka C，et al. 2018. Tracing HIV-1 strains that imprint broadly neutralizing antibody responses. Nature，561（7723）：406-410.

Li C F，Deng Y Q，Wang S，et al. 2017a. 25-Hydroxycholesterol protects host against Zika virus infection and its associated microcephaly in a mouse model. Immunity，46（3）：446-456.

Li Q Y，Fan F Y，Gao X，et al. 2017b. Balanced activation of IspG and IspH to eliminate MEP intermediate accumulation and improve isoprenoids production in *Escherichia coli*. Metab. Eng.，44（11）：13-21.

Liao H K，Hatanaka F，Araoka T，et al. 2017. In vivo target gene activation via CRISPR/Cas9-mediated trans-epigenetic modulation. Cell，171（7）：1495-1507.

Ma H，Marti-Gutierrez N，Park S W，et al. 2017b. Correction of a pathogenic gene mutation in human embryos. Nature，548（7668）：413-419.

Ma J Y，Huang H B，Xie Y C，et al. 2017a. Biosynthesis of ilamycins featuring unusual building blocks and engineered production of enhanced anti-tuberculosis agents. Nat. Commun.，8（1）：391.

Marino N D，Zhang J Y，Borges A L，et al. 2018. Discovery of widespread Type I and Type V CRISPR-Cas inhibitors. Science，362（6411）：240-242.

Mire C E，Geisbert J B，Borisevich V，et al. 2017. Therapeutic treatment of Marburg and Ravn virus infection in nonhuman primates with a human monoclonal antibody. Sci. Transl. Med.，

9（384）：8711.

Nayak D D，Metcalf W W. 2017. Cas9-mediated genome editing in the methanogenic archaeon *Methanosarcina acetivorans*. Proc. Natl. Acad. Sci.，114（11）：2976-2981.

Obama B. 2015. National security strategy. The White House.

Okano A，Isley N A，Boger D L. 2017. Peripheral modifications of ［Ψ［CH2NH］Tpg4］ vancomycin with added synergistic mechanisms of action provide durable and potent antibiotics. Proc. Natl. Acad. Sci.，114（26）：E5052-E5061.

Paris L，Magni R，Zaidi F，et al. 2017. Urine lipoarabinomannan glycan in HIV-negative patients with pulmonary tuberculosis correlates with disease severity. Sci. Transl. Med.，9（420）：eaal2807.

Passos D O，Li M，Yang R B，et al. 2017. Cryo-EM structures and atomic model of the HIV-1 strand transfer complex intasome. Science，355（6320）：89-92.

Pennisi E. 2016. Pocket DNA sequencers make real-time diagnostics a reality. Science，351（6275）：800-801.

Piper K. 2019. How Deadly Pathogens Have Escaped the Lab—Over and Over Again. https：//www.vox.com/future-perfect/2019/3/20/18260669/deadly-pathogens-escape-lab-smallpox-bird-flu［2019-4-2］.

Pontes-Quero S，Heredia L，Casquero-Garcia V，et al. 2017. Dual ifgMosaic：a versatile method for multispectral and combinatorial mosaic gene-function analysis. Cell，170（4）：800-814.

Prince M，Wimo A，Guerchet M，et al. 2015. World Alzheimer Report 2015. http：//www.worldalzreport2015.org/downloads/world-alzheimer-report-2015.pdf［2019-4-8］.

Qiu Y，Xu Y P，Zhang Y，et al. 2017. Human virus-derived small RNAs can confer antiviral immunity in mammals. Immunity，46（6）：992-1004.

Recker M，Laabei M，Toleman M S，et al. 2017. Clonal differences in *Staphylococcus aureus* bacteraemia-associated mortality. Nat. Microbiol.，2（10）：1381-1388.

Rocklin G J，Chidyausiku T M，Goreshnik I，et al. 2017. Global analysis of protein folding using massively parallel design，synthesis，and testing. Science，357（6347）：168-175.

Sanderson N S R，Zimmermann M，Eilinger L，et al. 2017. Cocapture of cognate and bystander antigens can activate autoreactive B cells. Proc. Natl. Acad. Sci.，114（4）：734-739.

Schmiedel B J，Singh D，Madrigal A，et al. 2018. Impact of genetic polymorphisms on human immune cell gene expression. Cell，175（6）：1701-1715.

Shang Y，Wang M，Xiao G，et al. 2017. Construction and rescue of a functional synthetic baculovirus. ACS Synth. Biol.，6（7）：1393-1402.

Shen M W，Arbab M，Hsu J Y，et al. 2018. Predictable and precise template-free CRISPR editing of pathogenic variants. Nature，563（7733）：646-651.

Sheth R U，Yim S S，Wu F L，et al. 2017. Multiplex recording of cellular events over time on CRISPR biological tape. Science，358（6369）：1457-1461.

Sinha N K，Iwasa J，Shen P S，et al. 2017. Dicer uses distinct modules for recognizing dsRNA termini. Science，359（6373）：329-334.

Sutter M，Greber B，Aussignargues C，et al. 2017. Assembly principles and structure of a 6.5-MDa bacterial microcompartment shell. Science，356（6344）：1293-1297.

University of Maryland. 2018. Global Terrorism Database Browse by Biological Weapons. https：//www.start.umd.edu/gtd/search/Results.aspx?page=1&casualties_type=&casualties_max=&weapon=1&charttype=line&chart=overtime&ob=GTDID&od=desc&expanded=yes#results-table[2019-4-19].

Wang S B，Dos-Santos，André L A，et al. 2017. Driving mosquito refractoriness to P*lasmodium falciparum* with engineered symbiotic bacteria. Science，357（6358）：1399-1402.

Watson C，Watson M，Gastfriend D，et al. 2018. Federal funding for health security in FY2019. Health Security，16（5）：281-303.

Watters K E，Fellmann C，Bai H B，et al. 2018. Systematic discovery of natural CRISPR-Cas12a inhibitors. Science，362（6411）：236-239.

Whelan T M. 2019. Statement of Ms. Theresa M. Whelan，Principle Deputy Assistant Secretary of Defense for Homeland Defense and Global Security before the House Armed Services Committee. https：//docs.house.gov/meetings/AS/AS26/20190403/109251/HHRG-116-AS26-Bio-WhelanT-20190403.pdf[2019-4-19].

WHO. 2019. Ebola Virus Disease—Democratic Republic of the Congo. https：//www.who.int/csr/don/25-april-2019-ebola-drc/en/[2019-4-29].

Xu L，Pegu A，Rao E，et al. 2017. Trispecific broadly neutralizing HIV antibodies mediate potent SHIV protection in macaques. Science，358（6359）：85-90.

Yu Y F，Deng Y Q，Zou P，et al. 2017. A peptide-based viral inactivator inhibits Zika virus infection in pregnant mice and fetuses. Nat. Commun.，8：15672.

Zhang C，Hu R，Huang J，et al. 2016. Health effect of agricultural pesticide use in China:

implications for the development of GMcrops. Sci. Rep.，6：34918.

Zhang W M，Zhao G H，Luo Z Q，et al. 2017b. Engineering the ribosomal DNA in a megabase synthetic chromosome. Science，355（6329）：eaaf3981.

Zhang Y，Lamb B M，Feldman A W，et al. 2017a. A semisynthetic organism engineered for the stable expansion of the genetic alphabet. Proc. Natl. Acad. Sci.，114（6）：1317-1322.

Zhu H，Zhang L，Tong S，et al. 2019. Spatial control of in vivo CRISPR–Cas9 genome editing via nanomagnets. Nat. Biomed. Eng.，3（2）：126-136.